"Este livro é uma síntese brilhante do antigo e do novo. Os autores atualizaram a poderosa filosofia de afirmação da vida do estoicismo para um público contemporâneo, mantendo suas raízes e ao mesmo tempo infundindo-a com abordagens atuais como a terapia de aceitação e compromisso (ACT). Trata-se de um manual excelente e fácil de usar que, entre outros benefícios, ajudará você a viver pelos seus valores, libertar-se de pensamentos difíceis, dar espaço para as emoções complicadas, ser compassivo consigo mesmo e usar seus valores centrais como uma bússola para guiá-lo e para viver com atenção plena. Altamente recomendado!"

—**Russ Harris,**
médico, terapeuta e autor de *ACT Made Simple* e
A armadilha da felicidade

"Um manual muito útil que combina a sabedoria ancestral e a psicologia moderna para que você se torne mais sábio e mais resiliente. Sintetiza com sucesso o estoicismo e o pensamento de Sócrates com abordagens da terapia cognitivo-comportamental (TCC) da terceira onda, como a ACT e a terapia comportamental dialética (DBT). Um livro que recomendo aos meus clientes em terapia e aos colegas terapeutas."

—**Tim LeBon,**
autor de *365 Ways to be More Stoic*, terapeuta de TCC atuante
no Serviço Nacional de Saúde do Reino Unido e na prática privada,
e diretor de pesquisa da Modern Stoicism e da Aurelius Foundation

"Milhares de anos antes de existir a psicoterapia, a sabedoria prática da filosofia estoica mudou vidas e moldou as civilizações globais! Escrito por especialistas no pensamento socrático e na psicoterapia baseada em evidências internacionalmente renomados, este livro aproveita a força da sabedoria estoica e o melhor que a ciência psicológica tem a oferecer. É um método que ajuda a sentir profundamente e a viver com sabedoria. Adorei! Recomendo muito!"

—**Dennis Tirch, PhD,**
diretor do The Center for Compassion Focused Therapy

"Esta é uma introdução excelente a como usar as ideias clássicas dos estoicos para desenvolver resiliência, aceitação e sabedoria. Práticos e de fácil leitura, os exercícios e *insights* deste livro ajudarão você a lidar melhor com suas expectativas irrealistas e respostas inúteis às frustrações inevitáveis da vida cotidiana. Os autores são dignos de louvor por esta contribuição importante. Altamente recomendado!"

—Robert L. Leahy, PhD,
autor de inúmeros livros, incluindo
Se ao menos…, Não acredite em tudo que você sente e *A cura do ciúme*

"Este livro constitui uma jornada acadêmica envolvente e informativa até as origens filosóficas da TCC, ou seja, o estoicismo revisitado. As habilidades estoicas examinadas fornecem orientações sobre como conduzir a psicoterapia nos tempos modernos e apresentam formas de aumentar a resiliência dos pacientes. Essa é uma jornada que vale a pena começar."

—Donald Meichenbaum, PhD,
diretor de pesquisa do Melissa Institute for Violence Prevention,
em Miami, Flórida

"Este livro é um guia perfeito para navegar pelos desafios inevitáveis da vida. Os autores combinaram com êxito a sabedoria do estoicismo com a de Sócrates para apresentar um modelo de estabilidade e consistência em momentos de crise. Se quiser abraçar a incerteza e melhorar sua resiliência em momentos de crise global ou pessoal, você precisa ler este livro e colocar seus ensinamentos em prática."

—Mehmet Sungur,
professor de Psiquiatria da Istanbul Kent University, em Istambul,
membro do Comitê Consultivo Internacional do Beck Institute
e membro do Conselho Executivo da World Confederation
of Behavioural and Cognitive Therapies

"Scott H. Waltman, R. Trent Codd III e Kasey Pierce criaram um manual acessível, convidativo e reflexivo a partir de seu extenso conhecimento da filosofia estoica. Este livro lança luz sobre a citação de Nöel Coward: 'O trabalho é mais divertido do que a diversão'. Os exercícios poderosos guiarão você pela radiante sabedoria dos estoicos. A sensação é de que eles estão com você como guias sábios a cada página. O *Manual do estoicismo* incentiva uma compreensão mais profunda do estoicismo e pode fazer mudanças profundas em sua vida."

—Karen Duffy,
autora *best-seller* do *New York Times* com os livros *Wise Up*, *Backbone* e *Model Patient*; defensora do paciente com dor, certificada como capelã de cuidados paliativos e membro do conselho do Stoicares, uma organização que promove o estoicismo como uma filosofia de cuidado e bem-estar

"O *Manual do estoicismo* é uma obra-prima. Os autores apresentam o estoicismo e a flexibilidade cognitiva, guiando o leitor em uma jornada de autoconhecimento e autoconsciência. No final, não se surpreenda se você realmente tiver conseguido abraçar o estoicismo como uma forma de pensar e viver. Recomendo fortemente que você desfrute o percurso."

—Carmem Beatriz Neufeld, PhD,
professora associada da Universidade de São Paulo, coordenadora do Laboratório de Pesquisa e Intervenção Cognitivo-comportamental e presidente da Federación Latinoamericana de Psicoterapias Cognitivas y Comportamentales

Manual do estoicismo

A Artmed é a editora oficial da FBTC

W237m   Waltman, Scott H.
           Manual do estoicismo : desenvolvendo resiliência e superando os desafios da vida com o questionamento socrático / Scott H. Waltman, R. Trent Codd III, Kasey Pierce; tradução : Sandra Maria Mallmann da Rosa; revisão técnica: Carmem Beatriz Neufeld. – Porto Alegre : Artmed, 2025.
           xi, 182 p. ; 25 cm.

        ISBN 978-65-5882-308-7

        1. Psicoterapia. 2. Terapia cognitivo-comportamental. I. Codd III, R. Trent. II. Pierce, Kasey. III.Título.

CDU 615.851

Catalogação na publicação: Karin Lorien Menoncin – CRB 10/2147

Scott H. **Waltman**
R. Trent **Codd III**
Kasey **Pierce**

Manual do estoicismo

desenvolvendo resiliência e superando os desafios da vida com o **questionamento socrático**

Tradução
Sandra Maria Mallmann da Rosa

Revisão técnica
Carmem Beatriz Neufeld
Professora associada do Departamento de Psicologia da Faculdade de Filosofia, Ciências e Letras de Ribeirão Preto (FFCLRP) da Universidade de São Paulo (USP). Fundadora e coordenadora do Laboratório de Pesquisa e Intervenção Cognitivo-comportamental (LaPICC-USP). Mestra e Doutora em Psicologia pela Pontifícia Universidade Católica do Rio Grande do Sul (PUCRS). Bolsista produtividade do CNPq. Presidente da Federación Latinoamericana de Psicoterapias Cognitivas y Comportamentales (ALAPCCO — Gestão 2019-2022/2022-2025). Ex-presidente fundadora da Associação de Ensino e Supervisão Baseados em Evidências (AESBE). Representante do Brasil na Sociedad Interamericana de Psicología (2023-2025).

Porto Alegre
2025

Obra originalmente publicada sob o título *The Stoicism Workbook: How the Wisdom of Socrates Can Help You Build Resilience and Overcome Anything Life Throws At You*, 1st Edition
ISBN 9781648482663

Copyright © 2024 by Scott Waltman, R. Trent Codd III, and Kasey Pierce
imprint of New Harbinger Publications, Inc.
5720 Shattuck Avenue Oakland, CA 94609
www.newharbinger.com

Gerente editorial
Alberto Schwanke

Coordenadora editorial
Cláudia Bittencourt

Editor
Lucas Reis Gonçalves

Capa
Paola Manica | Brand&Book

Preparação de original
Gabriela Dal Bosco Sitta

Leitura final
Ildo Orsolin Filho

Editoração
AGE – Assessoria Gráfica Editorial Ltda.

Reservados todos os direitos de publicação, em língua portuguesa, ao
GA EDUCAÇÃO LTDA.
(Artmed é um selo editorial do GA EDUCAÇÃO LTDA.)
Rua Ernesto Alves, 150 – Bairro Floresta
90220-190 – Porto Alegre – RS
Fone: (51) 3027-7000

SAC 0800 703 3444 – www.grupoa.com.br

É proibida a duplicação ou reprodução deste volume, no todo ou em parte, sob quaisquer formas ou por quaisquer meios (eletrônico, mecânico, gravação, fotocópia, distribuição na Web e outros), sem permissão expressa da Editora.

IMPRESSO NO BRASIL
PRINTED IN BRAZIL

Autores

Scott H. Waltman, PsyD, é estoico praticante e instrutor internacional de terapia cognitivo-comportamental (TCC). Além de ter sido Embaixador Global da World Confederation of Cognitive and Behavioural Therapies, é membro do conselho da International Association of Cognitive Behavioral Therapy e presidente eleito da Academy of Cognitive and Behavioral Therapies (A-CBT). É coautor do livro *Questionamento socrático para terapeutas*. Mora em San Antonio, Texas.

R. Trent Codd III, EdS, é vice-presidente de serviços clínicos da Refresh Mental Health nas Carolinas do Norte e do Sul. Foi fundador e diretor executivo do Cognitive Behavioral Therapy Center of Western North Carolina, um grupo de prática multidisciplinar especializado no fornecimento de cuidados de saúde mental baseados em evidências. É diplomado, membro acadêmico e instrutor/consultor certificado pela A-CBT, além de *board-certified behavior analyst* (BCBA). Codd é autor e coautor de várias publicações, incluindo o livro *Questionamento socrático para terapeutas*. Mora em Asheville, Carolina do Norte.

Kasey Pierce é escritora, editora e colunista estoica da área metropolitana de Detroit, Michigan. Foi editora de conteúdo *freelancer* de *Verissimus, graphic novel* de Donald J. Robertson, e editora de *365 Ways to Be More Stoic*, de Tim LeBon. Costuma palestrar no Stoicon-X Women e é formada em estudos de liderança empresarial. Participou da conferência *Ancient Philosophy for Modern Leadership* do Plato's Academy Centre. Pierce é apaixonada por promover engajamento no estoicismo e acredita que as práticas de TCC são a forma mais eficiente de aplicar a filosofia antiga à vida cotidiana.

Donald J. Robertson (autor da Apresentação) escreveu seis livros, incluindo *Pense como um imperador* e a *graphic novel Verissimus*, sobre a vida e a filosofia de Marco Aurélio. É psicoterapeuta cognitivo-comportamental, escritor e instrutor especializado na relação entre filosofia, psicologia e autodesenvolvimento.

*Dedicado a todos aqueles que achavam que a filosofia estava fora do seu alcance,
mas buscaram consolo em momentos de adversidade.
Este livro é para você... assim como a sabedoria ancestral.*

E para Hector.

Apresentação

Há menos de 20 anos, o estoicismo era pouco mais que um tema de nicho na filosofia acadêmica. Embora milhões de pessoas tivessem livros de estoicos famosos como Marco Aurélio e Sêneca, ninguém pensava no estoicismo como um *movimento* no campo do autoaperfeiçoamento moderno. Isso mudou com bastante rapidez, pois a emergência das mídias sociais permitiu que pessoas no mundo todo que haviam lido os estoicos formassem comunidades *on-line*. Em 2008, William B. Irvin publicou *A Guide to the Good Life: The Ancient Art of Stoic Joy*, o primeiro *bestseller* moderno sobre estoicismo. Alguns anos mais tarde, *O obstáculo é o caminho: a arte de transformar provações em triunfo*, de Ryan Holiday, tornou-se um imenso *best-seller*, dando visibilidade internacional para a literatura sobre o estoicismo. Atualmente, é difícil acompanhar os novos livros e artigos sobre estoicismo que são publicados todos os anos.

No entanto, as fundações desse renascimento estoico foram lançadas muito antes, na década de 1950, por Albert Ellis, um dos pioneiros da terapia cognitivo-comportamental (TCC). Ellis, tendo ficado completamente desiludido com a terapia psicanalítica em que tinha feito sua formação, decidiu reiniciar do zero. Ele começou a desenvolver o que, na época, chamou simplesmente de "terapia racional", que depois ficou conhecida como "terapia racional-emotiva comportamental" (TREC). Ellis já havia lido muito sobre psicoterapia, mas também sobre disciplinas relacionadas, particularmente filosofia. Ele recorda que havia se deparado pela primeira vez com os escritos de Marco Aurélio e Epíteto ainda muito jovem. Quando começou a procurar uma alternativa à tradição psicanalítica, esses autores lhe pareceram mais relevantes do que nunca. Ellis ficou feliz em creditar aos estoicos a antecipação das suas ideias principais: "Muitos dos princípios incorporados à teoria da psicoterapia racional-emotiva comportamental não são novos; alguns deles, na verdade, foram expressos pela primeira vez há milhares de anos, especialmente pelos filósofos estoicos gregos e romanos", e ele nomeia Epíteto e Marco Aurélio em particular como suas influências (Ellis, 1962, 35).

(Ellis parece ter se interessado menos por Sêneca, o outro estoico famoso cujos trabalhos sobrevivem até hoje.)

De fato, o estoicismo se tornou uma das principais inspirações filosóficas para a nova abordagem da psicoterapia que Ellis estava desenvolvendo. Quando Aaron T. Beck publicou seu livro revolucionário *Cognitive Therapy and the Emotional Disorders*, ele também disse que "os fundamentos filosóficos [da terapia cognitiva] remontam a milhares de anos, certamente à época dos estoicos, que levavam em consideração as concepções (ou falsas concepções) que o homem tem dos acontecimentos em vez dos próprios acontecimentos como a chave para suas perturbações emocionais" (Beck, 1976, 3). Em particular, a famosa citação de Epíteto usada tanto por Ellis quanto por Beck para explicar o papel da cognição em sua teoria da emoção, e da psicopatologia, tornou-se quase um clichê entre os terapeutas: "As pessoas não são perturbadas pelos acontecimentos, mas por suas opiniões sobre os acontecimentos". Essa citação é encontrada em incontáveis livros posteriores sobre TCC. Essa é, no entanto, a *única* referência ao estoicismo mencionada na maioria deles. Esse abandono posterior do estoicismo é surpreendente por várias razões:

1. Ellis, o pioneiro original da TCC, refere-se muitas vezes ao estoicismo em seus escritos, lançando mão de diferentes passagens de Epíteto e Marco Aurélio, e emprega muitos outros conceitos e práticas que parecem em dívida com o estoicismo.

2. Como estoicismo e TCC compartilham praticamente a mesma *premissa* sobre o papel da cognição nos problemas emocionais, é provável que cheguem a *conclusões* similares sobre as melhores soluções para eles, e deveríamos, portanto, esperar que valesse a pena investigar as práticas contemplativas estoicas a fim de obter novas ideias para estratégias e técnicas de terapia.

3. Como o estoicismo não é apenas uma terapia, mas toda uma filosofia de vida, potencialmente oferece um enquadramento para desenvolver a TCC em uma prática para toda a vida voltada ao autoaperfeiçoamento e ao desenvolvimento de resiliência emocional em geral.

4. Muitos indivíduos que não são atraídos pela literatura convencional de autoajuda ou terapia são atraídos pelo estoicismo, e por isso talvez ele proporcione a eles sua única exposição a orientações psicológicas benéficas similares às encontradas na TCC. Por exemplo, o estoicismo é popular entre presidiários e militares, os quais algumas vezes (erroneamente) veem o uso da psicoterapia como um sinal de fraqueza, devendo, portanto, ser evitado.

5. Com o desenvolvimento de uma "terceira onda" na TCC, consistindo de abordagens baseadas em *mindfulness* e aceitação, a ênfase mudou para estratégias

como o desenvolvimento de *mindfulness* cognitivo e a clarificação dos valores pessoais, que têm incrível semelhança com aspectos proeminentes do antigo estoicismo.

Manual do estoicismo é escrito por dois clínicos experientes de TCC e uma pessoa leiga que vem aplicando o estoicismo a problemas cotidianos da vida. Espero que ele ajude seus leitores a descobrirem as muitas maneiras pelas quais a filosofia estoica e a psicoterapia cognitiva podem se complementar. Em particular, ao incorporarem as ideias recentes da "terceira onda" da TCC, os autores aumentam a abrangência das comparações entre o estoicismo e a psicoterapia moderna. Além disso, ao chamar a atenção para o valor do estoicismo e do questionamento socrático para a construção de *resiliência emocional*, eles ajudam a reduzir a lacuna entre a prática clínica e o autoaperfeiçoamento, fazendo com que a combinação de estoicismo e TCC seja relevante e aplicável a um público muito mais amplo.

Donald J. Robertson
Autor de *Pense como um imperador*

Sumário

	Apresentação *Donald J. Robertson*	ix
	Introdução	1
1	Estoicismo e resiliência emocional	3
2	O paradoxo do controle e as práticas estoicas para aceitar a impossibilidade de controlar	17
3	Clarificação das virtudes e dos valores	31
4	Vivendo como um estoico	55
5	Da exigência à aceitação	69
6	Tolerando o desconforto e diminuindo o sofrimento	83
7	Do criticismo à compaixão: a prática de não julgar	103
8	Habilidades interpessoais estoicas	115
9	Aprendendo a pensar como Sócrates: como superar a dupla ignorância	135
10	Um método autossocrático: utilizando o pensamento socrático para sair da imobilidade	147
	Referências	179

Introdução

Assuntos que estão fora do seu controle o distraem?
Reserve algum tempo para adquirir conhecimento novo e benéfico,
e pare de ser constantemente jogado de um lado para o outro.
— Marco Aurélio, *Meditações*, 7.2

Durante o governo de Marco Aurélio como imperador, no ano 165 d.C., uma epidemia devastadora conhecida como peste antonina assolou o Império Romano. Há relatos que sugerem que a contagem de mortos chegou a 5 milhões em todo o império. Assim como nossa pandemia dos tempos modernos causou convulsões sociais, esse antigo manto turbulento que recobriu Roma provocou incerteza econômica, instabilidade política e agitação social. Marco era um aluno de filosofia estoica e, por isso, conseguiu manter sua tranquilidade, concentrando-se no que podia controlar, e não no que não podia. Ele perseverou, liderando uma nação e suas quase 30 legiões baseado em sua sabedoria cultivada, sua coragem e, em última análise, sua resiliência interna. Ele testemunhou a morte de alguns de seus próprios filhos durante esse período, além da de sua esposa, Faustina. Apesar dessas perdas, ele assumiu suas obrigações como imperador, arcando com o ônus da liderança e proporcionando estabilidade em um tempo de crise. As perdas em massa estavam fora do seu controle, mas não o que ele poderia fazer pelo bem maior de Roma.

Atualmente, estamos não só nos recuperando da perda de vidas e empregos e divididos pela polarização política, mas também lutando para prosseguir com os desafios da vida cotidiana em meio à desordem. Como participantes ativos de comunidades, famílias, relacionamentos, times, etc., é esperado de nós, todos os dias, que proporcionemos estabilidade em tempos de crise. Mas e quanto à nossa estabilidade interna? Ela se manterá firme para que tenhamos a coragem de enfrentar a adversidade de cabeça erguida? Podemos florescer e prosperar em meio ao caos que nos rodeia e aos problemas diários que todos nós enfrentamos? A resposta é *sim*.

Este manual foi escrito como um guia para ajudá-lo a navegar por esses desafios. Ele fornecerá ferramentas que irão ajudá-lo a promover sua mentalidade estoica, o que lhe dará flexibilidade psicológica para absorver um baque inesperado com sabedoria e até mesmo crescer como resultado disso. Isso é resiliência. À mãe que luta para não sucumbir ao desespero depois de perder seu emprego no contexto da pandemia, ao pai recém-divorciado que tem à sua frente um futuro cheio de incertezas, ao estudante que precisa de clareza para ver seus revezes como oportunidades e ao doente terminal que precisa de coragem para enfrentar seu destino com paz em seu coração... *este livro é para vocês e para todos aqueles que precisam de resiliência estoica.*

1

Estoicismo e resiliência emocional

Escolha não ser prejudicado — e não será.
Não se sinta afetado — e não se sentirá afetado.
— Marco Aurélio, *Meditações*, 4.7

O estoicismo é uma filosofia antiga que foca em prosperar diante da adversidade. Isso é possível com a adoção da perspectiva (e a citação fundamental da filosofia): "O que nos perturba não são os acontecimentos, mas nossos julgamentos sobre eles" (Epíteto, *Enquirídio*, 5). Isso significa que, se nos permitimos desafiar nossa raiva, tristeza ou frustração inicial, podemos cultivar uma resposta mais racional a circunstâncias desfavoráveis, o que preserva nossa paz e possibilita que prossigamos. O objetivo de uma vida estoica não é evitar as emoções ou o desconforto, mas encontrar força e constância ao focar o que está sob nosso controle. Uma vida estoica é caracterizada pelo cultivo de virtudes como sabedoria, coragem, justiça e temperança. Embora hoje as pessoas possam usar o termo "estoico" para se referir a alguém pouco emotivo, o verdadeiro Estoicismo (com letra maiúscula) requer inteligência emocional e resiliência. Um estoico está em contato com seus sentimentos, mas escolhe agir com sabedoria e não impulsivamente. Aprender a fazer isso requer prática, visto que essa é uma filosofia que deve não só ser aprendida, mas também vivida.

Neste manual, abrangemos os aspectos fundamentais do estoicismo e mostramos como usar essa filosofia para viver uma vida significativa e resiliente. Sabemos que cada dia tem seus estressores, como o trânsito, pessoas queixosas e contratempos. Entretanto, Marco Aurélio nos lembra de que "o mundo é transformação, a vida é opinião" (*Meditações*, 4.3). Em outras palavras, embora o mundo e nosso ambiente pessoal possam mudar — para melhor ou para pior —, podemos escolher como percebemos as coisas. Temos o poder de manter a paz interna e um sentimento de tranquilidade mesmo em tempos conturbados. Ser estoico não significa fechar os olhos para as injustiças; é também uma filosofia de tomada de atitude. Essa postura é altamente compatível com princípios modernos como aceitação radical. Uma perspectiva estoica nos permite reduzir o sofrimento desnecessário para que possamos focar nossas energias no que mais importa.

QUÃO ESTOICO VOCÊ É AGORA?

Talvez você seja mais estoico do que pensa. Podem ter ocorrido experiências em sua vida que o ajudaram a ser mais inoculado por determinados estresses. Antes de nos aprofundarmos neste livro e nos princípios estoicos, vamos descobrir o quanto você já é estoico por meio do autoinventário do estoicismo. Você poderá preencher algumas destas folhas de atividade mais de uma vez, e encontrará cópias em PDF de muitas das folhas de atividade, além de materiais adicionais, na página do livro em loja.grupoa.com.br.

Autoinventário do estoicismo

Classifique as declarações a seguir em uma escala de 0 a 5, sendo 0 = discordo e 5 = concordo.

1. Se algo estiver fora do meu controle, não deixo que me estresse.
2. Dou o benefício da dúvida quando acho que fui enganado.
3. Não acho que preciso formular uma opinião sobre tudo.
4. O fato de eu me sentir de determinada maneira não faz com que isso seja verdade.
5. Não tenho medo de tomar decisões para um bem maior, mesmo que sejam definitivas.
6. Pratico consciência emocional.
7. Dedico algum tempo para ver as coisas no contexto geral antes de reagir.

Avaliação

25-35: Estoico com E maiúsculo!

20-24: Quase lá!

0-19: Iniciante

"ONDE POSSO ENCONTRAR UM HOMEM COMO SÓCRATES?": A ORIGEM DO ESTOICISMO

Zenão de Cítio, um rico mercador fenício, fundou o estoicismo depois de ter se "recuperado" de um evento. Uma tempestade em alto mar acabou com todo o seu estoque de um pigmento raro muito procurado. Ele virou um zé-ninguém naufragado e falido, de volta à estaca zero e preso em Atenas. Enquanto perambulava pelas ruas, encontrou um livreiro e começou a ler a filosofia de Sócrates, que depois seria aclamado como o "padrinho" do estoicismo. A perspectiva de Sócrates sobre a ética e a interpretação dos acontecimentos o inspirou. Então, como reza a lenda, ele perguntou ao livreiro: "Onde posso encontrar um homem como Sócrates?". O livreiro apontou para um homem do lado de fora da janela, Crates de Tebas, um famoso filósofo. Zenão estudou com Crates por décadas até dar início à sua própria escola de filosofia, denominada "estoicismo". Suas aulas e discussões ocorriam no Stoa Poilkile, um alpendre pintado em um mercado público de Atenas. Seus seguidores ficaram conhecidos como "estoicos". Há uma linha de sucessão praticamente direta de Sócrates até Zenão. Antístenes era um aluno de Sócrates, e Diógenes, o Cínico (e fundador do cinismo), aprendeu com Antístenes. Já Crates de Tebas, que ensinou Zenão, aprendeu com Diógenes. Portanto: Sócrates → Antístenes → Diógenes, o Cínico → Crates de Tebas → Zenão de Cítio → Estoicismo.

Baseados nos ensinamentos de Sócrates e outros filósofos anteriores, os estoicos escreveram uma grande quantidade de livros, embora apenas fragmentos tenham sobrevivido. Com o tempo, o estoicismo se espalhou da Grécia para Roma, onde ganhou popularidade entre os governantes. Cícero, um cônsul romano cujos escritos tiveram impacto significativo na teoria legal e política, estudou estoicismo em Atenas e trouxe importantes perspectivas para a filosofia.

Apesar da perda de muitos trabalhos iniciais, temos um corpo de literatura substancial dos três filósofos estoicos do período do Império Romano: Sêneca, o Jovem; Epíteto; e Marco Aurélio. As cartas e ensaios de Sêneca sobre estoicismo foram escritos enquanto ele servia como tutor e conselheiro do imperador Nero. Epíteto, um ex-escravo, tornou-se um dos professores de filosofia mais influentes da história romana, e seus *Discursos* e *Enquirídio* (ou "Manual") permanecem como testemunho de suas ideias. Marco Aurélio, o imperador romano, dedicou sua vida ao estoicismo, tendo estudado os trabalhos de Epíteto. As anotações pessoais de Marco Aurélio, *Meditações*, continuam a ser lidas hoje como o maior trabalho de referência sobre o estoicismo.

Apesar de um período de quase cinco séculos de florescimento, o estoicismo foi perdendo popularidade, apenas ressurgindo nos tempos modernos como a inspiração filosófica principal para a terapia cognitiva, uma forma de terapia baseada em evidências bastante praticada. Epíteto disse o que se tornaria a pedra angular do estoicismo e da terapia cognitivo-comportamental (TCC) em seu *Enquirídio*: "O que nos perturba não são os acontecimentos, mas nossos julgamentos sobre eles" (*Enquirídio*, 5).

ESTOICISMO COM "E" MINÚSCULO

Substituir a dor emocional pela cabeça erguida é algo, em geral, culturalmente influenciado. A supressão das emoções é, com frequência, considerada corajosa, mas, na verdade, é uma prática de máxima evitação. O que hoje é conhecido como "positividade tóxica" é uma forma de estoicismo com "e" minúsculo, em que uma emoção negativa é evitada a todo custo. A narrativa de "apenas boas vibrações" suprime e exerce pressão sobre a emoção negativa dentro de nós, onde se deteriora e causa angústia ao longo da vida.

O verdadeiro estoicismo não tem por objetivo uma vida sem emoções, em que estamos desligados de tudo e não sentimos nada. Na verdade, os antigos estoicos não seriam nem um pouco a favor dessa abordagem. Em vez disso, o objetivo é ser capaz de não agir com base em julgamentos precipitados ou impressões potencialmente errôneas. Devemos ser capazes de sentir nossos sentimentos, mas não sermos controlados por eles. O caminho para construir uma vida de realizações duradoura é pavimentado por essa consciência, essa capacidade, e seu nome é "resiliência".

A RELAÇÃO ENTRE O ESTOICISMO E A TERAPIA COGNITIVO-COMPORTAMENTAL

O pai da TCC, Albert Ellis, foi muito influenciado pelos estoicos. Ele também acreditava que somos, em última análise, responsáveis pela forma como nos sentimos em relação a uma situação, e que esses sentimentos guiam nossa tomada de decisão. Isso nos dá liberdade e clareza para decidirmos o que valorizamos e o que merece nosso investimento emocional. A TCC transforma as práticas estoicas em ferramentas modernas e acessíveis a serem aplicadas à vida cotidiana moderna.

A TCC, assim como a sociedade, evoluiu com o tempo. Inicialmente, ela focava a modificação do comportamento e os processos observáveis. A "revolução cognitiva" introduziu a importância dos pensamentos não observáveis publicamente e do autodiálogo. Figuras como Albert Ellis e Aaron Beck integraram estratégias cognitivas compatíveis com o pensamento estoico. Depois, uma terceira onda da TCC enfatizou o *mindfulness* e a aceitação, com foco em viver bem aceitando os sentimentos, escolhendo valores e agindo.

A filosofia é considerada um enquadramento para nossas perspectivas. Ela é, na verdade, a lente através da qual cada um de nós enxerga o mundo, uma abordagem da vida. Este livro foi escrito para ajudá-lo a aplicar essa sabedoria antiga à sua vida, oferecendo uma lente capacitadora através da qual você pode vê-la.

O estoicismo é uma filosofia e um estilo de vida. A TCC oferece ferramentas e exercícios para desenvolver resiliência fortemente inspirados pelo estoicismo. No entanto, essas ferramentas cognitivas e comportamentais só funcionam se continuarem a ser utilizadas. Sem prática consistente, é fácil voltar a cair na armadilha dos antigos padrões emocionais não saudáveis e perceber que você está se digladiando, mais uma vez tomando os acontecimentos infelizes como catástrofes. O estoicismo vai além da utilização de técnicas; em vez disso, pede que você adote um conjunto de valores éticos e viva sempre em conformidade com eles. Essa antiga filosofia tem o potencial de servir como um enquadramento para obter de forma permanente habilidades de enfrentamento similares às oferecidas pela TCC.

Aaron Beck explicou como essa abordagem em desenvolvimento da terapia estava baseada na concordância entre os pesquisadores de que nossos pensamentos têm um impacto significativo em nossas emoções: "No entanto, as bases filosóficas remontam a milhares de anos, certamente à época dos estoicos, que consideravam as concepções (ou falsas concepções) que o homem tem dos acontecimentos em vez dos próprios acontecimentos como a chave para suas perturbações emocionais" (Beck, 1976, 3).

O estoicismo sugere que o foco na virtude e em nossos valores pessoais — o que é mais importante para nossa vida em sua totalidade — nos impede de entrar em desespero quando enfrentamos adversidades. Afinal, o que é desistir da vida senão perder a perspectiva do que genuinamente importa para nós num contexto mais geral? No Capítulo 3, ajudaremos você a ter clareza sobre seus valores, além de oferecermos uma visão geral de cada uma das virtudes estoicas (sabedoria, justiça, coragem, temperança). Por enquanto, vamos examinar o exemplo de Lee na seguinte história:

A empresa de reformas de casas em que Lee trabalha está passando por um período difícil. Os cortes no orçamento levaram a demissões em massa e, infelizmente, lhe disseram que seu cargo seria eliminado. Ele havia sido um funcionário leal por quase 10 anos, possuía um bom plano de pensão e tinha a expectativa de que seus filhos recebessem os benefícios do programa de bolsas de estudo da empresa para os dependentes. No entanto, naquele momento, naquele escritório frio e estéril, ele sente um baque na sua pensão, a oportunidade sendo arrancada de seus filhos e a insignificância dos seus 10 anos de lealdade. Ele olha para o teto e suspira enquanto seu gerente apresenta suas sinceras condolências. Naquele momento, sua mente está dividida entre uma resposta cheia de sarcásticas obscenidades ou uma saída firme e silenciosa. A supressão das duas respostas possíveis é como se ele estivesse prendendo a respiração debaixo d'água.

Existe uma terceira opção para Lee? Uma com a qual ele não se sinta sufocado ou falso?

Lee tenta engolir sua raiva, mas a sente pressionar. Contudo, antes de expressá-la, ele para um momento, o que pode fazer toda a diferença para seu futuro. "Preciso admitir que estou chocado e desapontado com essa notícia", ele diz, um pouco aliviado com sua transparência. "Mas reconheço que essa decisão não dependia de você e agradeço por ter me dado a oportunidade de trabalhar nesta empresa." Ele sabe que nunca terá certeza absoluta de que sua resposta é a perfeita, mas sabe que é a melhor. Como valoriza a integridade e a honestidade, ele sabe que essa é uma resposta que permite que vá embora sentindo-se bem.

Como mencionamos, resiliência é a capacidade de se adaptar a experiências difíceis ou desafiadoras na vida, internas ou externas, controláveis ou incontroláveis. Vamos parar um pouco para examinar a difícil situação em que Lee se encontra.

O que Lee poderia controlar em relação ao que acabou de acontecer? Bem, a única resposta é: nada. Ele não tem controle sobre as decisões que foram tomadas em relação a ele por uma empresa que estava amargando prejuízos. Não é que seu desempenho, que está sob seu controle, tenha tido alguma influência na decisão. As perdas no último ano não se deviam a um único funcionário, por mais valioso que fosse. Seria totalmente ilógico pensar de outra forma.

Sobre o que ele tem controle agora? Embora não tenha controle sobre o passado, ele tem controle sobre o que faz com esse passado — repleto de experiências, conquistas na empresa e avaliações anuais positivas. Lee se dá conta de que tem cinco anos de experiência como analista de sistemas e de que a indenização lhe dará algum tempo. Lembrando-se de que sempre quis ter o pacote de benefícios que seu primo tinha, mas que era grande seu medo de deixar a empresa, Lee percebe que agora tem opções... e nada a perder.

O estoicismo não vai tentar encontrar grandes vantagens em situações ruins, mas focar naquilo que você controla e em tomar decisões sábias. O custo emocional de perder o emprego é real, e Lee o sente. Ao mesmo tempo, ele está focado em seguir em frente. As coisas que o tornam atrativo para esse trabalho também o tornarão atrativo para outro, e agora ele tem ainda mais experiência. Essa transição será difícil, mas ele vai conseguir.

Sobre o que Lee tem controle na situação?

Quais são as coisas que já aconteceram e que estão fora do controle de Lee?

Quais são as armadilhas em que Lee pode ficar preso?

Qual é a coisa mais importante em que ele deve se concentrar neste momento?

Que medidas ele deve tomar para conseguir isso?

Lee é um exemplo interpessoal de resiliência. A resiliência se apresenta de muitas formas. Para além do modo como reagimos ou da maneira como nos permite reformular uma situação, a resiliência pode ser exemplificada por momentos de dor ou por uma cidade inteira determinada a se reconstruir depois de um tornado devastador. Resiliência é sentir o impacto, mas redirecionar nossos sentimentos iniciais num esforço para, mesmo assim, prosseguir e prosperar. A parte crucial desse processo é primeiro fazer um inventário do que podemos e do que não podemos controlar em determinada situação. Isso oferece clareza e serve como uma medida preventiva contra a autoculpabilização e a dor sem propósito que alimenta sua escalada.

O QUE É RESILIÊNCIA?

Ser resiliente não é só "ser firme e silencioso", "manter a cabeça erguida" ou "seguir em frente". Essa, infelizmente, é a maneira como a resiliência é entendida na mente de muitas pessoas.

O que resiliência significa para mim?

Martin Seligman, um psicólogo renomado, define a resiliência como a capacidade de superar as adversidades e continuar funcionando de maneira positiva e produtiva. Em seu trabalho sobre psicologia positiva, Seligman enfatiza que resiliência não é a ausência de emoções ou experiências negativas, mas a presença de emoções positivas e uma capacidade de crescimento e adaptação aos desafios.

Quando se trata de resiliência, flexibilidade é a chave. Os construtores de casas usam pregos em vez de parafusos porque pregos são mais flexíveis e permitem que a casa possa se deslocar um pouco de acordo com as condições climáticas e os movimentos do solo. Parafusos, por outro lado, não podem se curvar, por isso quebram. Do mesmo modo, o salgueiro é resistente porque é flexível e tem raízes profundas e vigorosas. Um vendaval pode derrubar um carvalho, mas o salgueiro se manterá de pé.

Resiliência é, de fato, a capacidade de se adaptar a experiências difíceis ou desafiadoras na vida, adotando uma prática e uma perspectiva psicologicamente flexíveis. É a capacidade de se recuperar de um momento difícil, não de forçar um sorriso em meio à dor.

POR QUE RESILIÊNCIA É IMPORTANTE

As adversidades assumem muitas formas, assim como a resiliência. Seja porque uma pessoa o decepcionou, seja porque você perdeu uma oportunidade, ficar desapontado é uma ocorrência natural na vida, e todos estamos juntos nisso. De uma morte na família a um tornado que destrói uma comunidade, ninguém está livre do infortúnio. A falta de habilidade para lidar com uma situação e prosseguir e prosperar após esses estressores na vida contribui em grande parte para o desenvolvimento de uma doença mental. Para aquelas pessoas com resiliência limitada, acontecimentos estressantes se tornam debilitantes. No entanto, as pessoas que têm uma quantidade saudável de resiliência possuem recursos internos aos quais recorrem instintivamente durante situações difíceis, o que resulta em níveis mais baixos de ansiedade e depressão.

A ótima notícia é que, embora alguns de nós não tenham crescido em um ambiente que estimulasse habilidades de enfrentamento saudáveis, ainda assim é possível adquirir resiliência. Um estudo do Resilience Institute mostra que aqueles que fizeram exercícios para construção de resiliência tiveram uma redução de 33 a 44% em seus sintomas depressivos. Os participantes também descobriram que seu bem-estar geral melhorou — físico (43%), emocional (40%) e mental (38%). Trabalhar em prol da resiliência pode ser a diferença entre ficar debilitado devido a eventos adversos e seguir em frente, prosperando apesar da dor.

Quais são minhas razões para experimentar este livro de exercícios?

Há algo específico que estou esperando aprender?

Tenho problemas específicos que quero abordar?

Tenho objetivos ou ambições em prol dos quais quero trabalhar?

_____

_____

_____

_____

Mesmo o objetivo de apenas querer estimular sua mente ou aumentar seu conhecimento sobre estoicismo ou TCC já é válido. Se você tiver clareza sobre o que ambiciona, poderá abordar cada exercício com propósito e intenção. E, algumas vezes, o que você esperava obter de algo pode mudar no percurso.

Primeiro, delineie coisas que sejam atingíveis (objetivos) e coisas que estão sempre presentes (valores e virtudes). Por exemplo, se você tem o valor de ser um bom pai ou uma boa mãe, isso não é algo que possa ser realizado com um único objetivo a curto ou longo prazo. Uma das coisas mais difíceis sobre ser um bom pai ou uma boa mãe é que isso exige esforço persistente. Nos filmes, grandes gestos são o necessário para ter um bom relacionamento, mas na vida real geralmente são as pequenas coisas que mais importam. Desenvolver disciplina para um esforço persistente voltado para o que você mais valoriza está na essência do estoicismo. O que hoje denominamos "valores" é o que os estoicos teriam chamado de "virtudes". As quatro virtudes estoicas fundamentais são sabedoria, justiça, coragem e temperança. Esses valores fundamentam os conteúdos deste manual.

Embora dependa de você escolher o que irá valorizar mais na vida, se você estiver inclinado a dizer que valoriza a ausência de dor ou desconforto, dê um passo mais além e pergunte o que gostaria de ter em vez disso. Por exemplo, se uma grande quantidade do seu tempo e energia é empregada sendo socialmente ansioso, o que, em vez disso, você gostaria de fazer com esse tempo e energia? Aquilo que você preferiria fazer é o que você valoriza, e a ansiedade é uma barreira a ser vencida.

Use o exercício a seguir para parar um momento e perguntar a si mesmo: "Como quero que a minha vida seja?" e "O que está impedindo isso?". Lembre-se, também, de que essa é sua avaliação pessoal, somente para você. Por isso, não sinta que deve responder de acordo com a opinião de outra pessoa sobre o tipo "certo" de vida que você deveria levar, ou de acordo com a opinião de seus pais ou da sociedade. Como *você* quer que a sua vida seja?

Em prol de que valores estou trabalhando? (O que eu quero?)	Quais são os obstáculos a esses objetivos? (O que está impedindo?)

Lições do Capítulo 1

- Estoicismo envolve resiliência emocional em vez de supressão da emoção.

- Resiliência é uma habilidade que pode ser desenvolvida.

- Ser resiliente é ter flexibilidade psicológica para se adaptar às adversidades.

- "O que nos perturba não são os acontecimentos, mas nossos julgamentos sobre eles."

- Este manual se concentrará no uso da sabedoria antiga e moderna para ajudá-lo a viver uma vida gratificante.

2

O paradoxo do controle e as práticas estoicas para aceitar a impossibilidade de controlar

Algumas coisas estão sob nosso controle e outras não.
As coisas sob nosso controle são a opinião, o que escolhemos perseguir,
os nossos desejos e aversões e, em termos simples, qualquer coisa
que fazemos por nós mesmos. As coisas que não estão sob
nosso controle são o corpo, a propriedade, a reputação,
o domínio e o que quer que aconteça que não seja pela nossa ação.

— Epíteto, *Enquirídio*, 1

O paradoxo do controle é a armadilha de tentar controlar o incontrolável e investir todos os nossos esforços nessa crença. Isso leva a uma quantidade significativa de tempo perdido em tentativas de influenciar resultados em que não podemos interferir, o que historicamente resulta na perda do controle sobre nossos pensamentos, emoções e ações. A *dicotomia do controle*, sua antítese, é um conceito filosófico introduzido por Epíteto muito aplicado na terapia moderna. Ela se refere à divisão das coisas em nossa vida em duas categorias: aquelas que estão no âmbito do nosso controle e aquelas que não estão. De fato, Epíteto abre o *Enquirídio* com este fato da vida: "Algumas coisas dependem de nós, outras não".

O trânsito é frustrante? É claro que é. Mas podemos dividir o mar de carros com nossa mente? Infelizmente, não. Quando perdemos um avião, podemos persegui-lo pela pista e nos agarrar à sua asa? Não, isso é não só ilegal como perigoso. É possível entrar em uma máquina do tempo e evitar dizer aquela coisa constrangedora, digna de vergonha, que você disse àquele seu *crush* no primeiro ano do ensino médio? Atualmente, de jeito nenhum. Por fim, a ansiedade sobre o futuro pode alterá-lo? Embora haja coisas produtivas que podemos fazer para *influenciar* o futuro, a vida acontece como ela é. Todas essas perguntas parecem ridículas, mas, se não há nada que possamos fazer a respeito de algo que não conseguimos controlar diretamente, então se preocupar com isso também não é ridículo?

Não é de estranhar que a grande maioria das nossas angústias decorra da preocupação com algo que não podemos controlar. O autor e psicoterapeuta Tim LeBon, em seu livro *365 ways to be more stoic*, destacou este denominador comum nos clientes que atendeu ao longo de mais de uma década:

"Como psicoterapeuta, quanto mais lia sobre estoicismo, mais percebia que essa antiga filosofia é incrivelmente relacionável com meus clientes atuais. Revendo minha lista de casos, noto que muitos problemas conduzem à mesma causa principal: tentar controlar o incontrolável.

Raiva e frustração — *achar que você pode controlar outras pessoas*

Vergonha e culpa — *achar que você tinha mais controle sobre o passado*

Preocupação e ansiedade — *pensar excessivamente sobre aspectos do futuro que você não pode controlar*

Procrastinação — *tentar ter tudo perfeito antes de começar — você não consegue deixar tudo perfeito*" (LeBon 2022, 13).

Aquilo sobre o que realmente temos controle é transmitido na citação de Epíteto que abre este capítulo: nossas opiniões, desejos, necessidades — em termos simples, nossos pensamentos e ações. É isso. Pensar de forma diferente é ir contra a lógica, gastar energia mental e emocional, o que pode ser uma perda de tempo e recursos. Decompor as coisas pode ajudá-lo a ver quais partes de uma situação estão sob seu controle. Por exemplo, você pode não ser capaz de controlar sua reação inicial a um acontecimento, mas pode controlar como responder a ele.

O arqueiro estoico é uma analogia comum do estoicismo em apoio à dicotomia do controle. O tiro com arco tem tudo a ver com a forma: envolve a postura, o alvo e o lançamento. Assim que o arqueiro solta a flecha, ele não tem controle sobre como os fatores externos (p. ex., o vento) afetam o voo da flecha e onde ela pousa. Na verdade, ele não tem controle de mais nada depois que a flecha alça voo. Como Epíteto escreveu: "Em vez de se esforçar para fazer com que os acontecimentos se desenrolem de acordo com seus desejos, aceite-os como eles ocorrem naturalmente. Se conseguir fazer isso, você encontrará satisfação" (*Enquídrio*, 8). Você pode encontrar uma cópia do exercício a seguir para *download* na página do livro em loja.grupoa.com.br.

Escolha algo com que você esteja preocupado. Decomponha essa situação em seus elementos. A seguir, classifique essas partes da situação considerando se estão ou não sob seu controle direto. Repita esse processo com as preocupações que surgirem durante a semana.

O que está sob o meu controle?		
Situação	Posso controlar (✓)	Não posso controlar (×)

O que eu noto sobre o padrão de respostas?

O que aprendi sobre mim mesmo?

Em que tipos de coisas que estão fora do meu controle tenho tendência a focar mais?

Com base nessas informações, o que quero fazer?

POR QUE QUEREMOS CONTROLAR?

Pode haver inúmeros motivos específicos em cada situação para acharmos que precisamos estar no controle. No entanto, praticamente tudo nessa lista está no âmbito do medo da *incerteza*. É um desejo inato querermos nos sentir seguros. "Inseguro" e "incerto" são conceitos relacionados, porém distintos. Algo inseguro é potencialmente prejudicial ou perigoso, ao passo que algo incerto não é sabido, ou não se tem certeza de que acontecerá. Especificamente, "inseguro" refere-se ao potencial para danos, enquanto "incerto" refere-se à falta de informações ou de previsibilidade. Por exemplo, dirigir um carro com freios defeituosos é inseguro, porque há risco de acidentes, ao passo que não saber o resultado de um jogo é incerto, porque o resultado ainda não é conhecido.

O medo é um sinal para garantir a sobrevivência, e o medo irracional é um medo do que não é o mais provável. A verdade é que podemos nos preocupar o quanto quisermos, mas isso nunca nos garantirá a certeza de alguma coisa. Não importa o que aconteça, se você fez tudo o que podia, aceite as incertezas da vida. Sem exceção, dificuldades e eventos ruins acontecerão para todos; na verdade, situações muito terríveis que estão fora do seu controle podem ocorrer. Na grande maioria das vezes (se não sempre), isso não é algo de que você não conseguirá se recuperar. O clichê é: o que não nos mata, nos fortalece. Os estoicos, em vez disso, poderiam dizer: "Você não pode controlar o que acontece com você, mas pode controlar como responde a isso". Você pode escolher se curar e superar. Um revés não precisa se tornar um bloqueio permanente. Em tudo há uma oportunidade.

A necessidade de controle com frequência leva os humanos a terem uma intolerância à incerteza. Muitas pessoas preferem receber "más notícias" do que "nenhuma notícia". Muitas pessoas tentam burlar a incerteza ao examinar mentalmente cada cenário hipotético do que poderia acontecer para não serem pegas de surpresa. Mas quais são os custos de não tolerar um pouco de incerteza em sua vida?

Com que frequência eu me preocupo e fico obcecado pelo que *poderia* acontecer?

A preocupação sobre o que *poderia* acontecer me distrai de estar presente no que *realmente* está acontecendo em minha vida? Como?

Como isso afeta meu trabalho, meus relacionamentos, meu lazer, etc.?

Eu evito relacionamentos, atividades, passeios e outras situações porque me preocupo demais com o que poderia acontecer?

O que já deixei passar por causa disso?

A forma mais segura de evitar a incerteza é levar uma vida limitada e entediante. Entre uma vida limitada com um mínimo de incerteza e uma vida repleta de significado e aventura (com tudo de bom e ruim que a acompanha), qual eu escolheria? Por quê?

Como minha relação com a incerteza afeta a minha escolha?

NÃO SE PREOCUPE COM ISSO: SEJA INDIFERENTE AO QUE NÃO FAZ DIFERENÇA

Todos nós preferimos ter alívio da ansiedade. A maioria de nós gostaria de se importar menos com as coisas que nos perturbam para poder passar mais tempo focados no que importa. Além disso, todos nós gostaríamos de ter uma mente tranquila e sentimentos de paz e contentamento.

Primeiro, o que é indiferença? É aquilo que não é bom nem mau, que não faz diferença para nosso estado interior e não deve ter importância no contexto mais amplo. Os estoicos dividem a indiferença em duas categorias: indiferentes preferidos e não preferidos. Um indiferente *preferido* é uma circunstância ou condição externa que podemos desejar, mas que não deve determinar nossa felicidade ou autoestima. São coisas como força, riqueza, prazer e *status* social. Os estoicos acreditavam que devemos retirar essas coisas do seu pedestal e adotar uma postura de indiferença em relação a elas. Isso porque essas coisas não estão necessariamente sob nosso controle, como defendido por Epíteto: "Nosso corpo, propriedade, reputação, autoridade e essencialmente tudo o que não for resultado de nossas ações está além do nosso controle" (Epíteto, *Enquirídio*, 1). Assim como o arqueiro estoico, podemos aspirar à riqueza, mas, se nossa flecha for desviada da sua trajetória, estaremos fadados a uma vida de miséria? Nossa vida perde significado se não dirigirmos um Porsche a caminho de uma festa chique em Beverly Hills? A questão é: por que ser rico deveria ser mais importante do que a paz duradoura que decorre de estar satisfeito? Quando dizemos "estar satisfeito", não queremos dizer conformar-se. Isso significaria sermos complacentes, nos contentarmos com coisas que não são boas para nós ou com condições menos desejáveis. Estar satisfeito é apreciar e aceitar o lugar onde estamos. Nossa condição presente não precisa ser um ponto final, mas ressentir-se com o ambiente não é um método construtivo para sair dele.

Quando se trata de ter uma posição social, não temos muito controle sobre a percepção dos outros. Temos influência e devemos nos esforçar para sermos autênticos e nossas melhores versões. No entanto, nem todos escolherão adotar essa visão de nós. É um fato da vida que nem todos gostarão de nós. Fazer disso o nosso objetivo é outra forma de continuar a busca interminável pela felicidade.

Um indiferente *despreferido* é outra circunstância externa ou desejo. No entanto, ela é despreferida porque preferiríamos não deixar que acontecesse se tivéssemos escolha. É o caso de doenças, fraqueza, feiura, pobreza e má reputação. Mesmo nossa saúde pode ser considerada um indiferente despreferido. Todos devemos preferir ser saudáveis. Embora devamos nos esforçar para nos cuidar da melhor forma possível, nenhum de nós está livre de ter doenças — mesmo se tentarmos ao máximo impedi-las. Todos ficaremos doentes à medida que entrarmos na velhice. Podemos negar e lamentar esse destino, mas, com o tempo, aceitá-lo de bom grado nos dará paz. A sabedoria vem de entender que todos nós acabaremos retornando à natureza.

Quando se trata da nossa aparência, é claro que preferiríamos parecer bonitos, mas todos nós temos diferentes definições de beleza. O fato é que não importa o quanto nos tornemos bonitos, a beleza desaparece. Os melhores cirurgiões plásticos do mundo podem realizar maravilhas, mas mesmo essas maravilhas não podem desafiar o inevitável processo de envelhecimento. Marco Aurélio lembra o fato de que todos nós teremos rugas e desapareceremos: "A vida é curta. Todos nós começamos como uma gota de sêmen, mas rapidamente viraremos cinza. Isso é a natureza, e estamos apenas de passagem" (*Meditações*, 4.48).

Podemos alterar nossas carcaças de carne o quanto quisermos. Contudo, focar nisso e somente nisso é, mais uma vez, perseguir o trem para a felicidade que está em alta velocidade e que nunca chega ao seu destino. Mesmo aqueles que acham que atingiram a aparência que desejam não estão livres da infelicidade. Se sua aparência for seu principal objetivo, logo estarão buscando uma atualização. Como não estão vivendo de acordo com seus valores — o que é mais importante para eles além de simplesmente terem uma boa aparência —, eles podem ser infelizes até que obtenham o que querem. Então, como você já adivinhou, o ciclo de beleza-dor-beleza-dor os conduzirá à *infelicidade*.

Identificar as coisas que não devem fazer diferença em nossa vida nos liberta de considerarmos que elas têm controle sobre nossa felicidade ou estado de prosperidade. Podemos escolher destronar esses aspectos exteriores valorizados e manter uma mente tranquila caso eles apareçam em nossa vida. Ter uma mente tranquila contribui para nossa capacidade de tomar decisões, proporcionando a garantia de que, de qualquer forma, estaremos bem. Esta máxima atribuída a Cícero abarca com elegância a essência profunda desse sentimento: "Paz é liberdade na tranquilidade".

Examine a lista a seguir e classifique os itens em aspectos com os quais as pessoas se preocupam e aspectos que realmente importam.

Item	Aspectos com os quais as pessoas se preocupam (✓)	Aspectos que realmente importam (✓)
Como você trata as outras pessoas		
Quantos seguidores você tem nas redes sociais		
O quanto sua grama é verde		
O tamanho da roupa que você veste		
Estar com boa saúde		

A seguir, faça uma lista de alguns aspectos com os quais as pessoas na sua vida se preocupam, classificando-os em aspectos com os quais as pessoas se preocupam e aspectos que realmente importam.

Item	Aspectos com os quais as pessoas se preocupam (✓)	Aspectos que realmente importam (✓)

SE O DESTINO PERMITIR ("SE DEUS QUISER")

Os estoicos não acreditavam em um deus ou divindade pessoal como muitas religiões acreditam. Em vez disso, eles acreditavam em uma força ou poder divino que governava o universo, e viam esse poder como imanente em vez de transcendente. Assim, quando os estoicos diziam "Se Deus quiser", não estavam se referindo a um deus pessoal que tinha a capacidade de intervir nos assuntos humanos. Eles estavam expressando a ideia de que os acontecimentos da nossa vida são, em última análise, determinados pela vontade dessa força divina, e de que depende de cada indivíduo alinhar-se com essa força para viver de acordo com suas leis.

As máximas délficas são um conjunto de máximas inscritas no Templo de Apolo em Delfos; elas são declarações que oferecem conselhos sobre como viver uma vida boa e gratificante. Uma das máximas é *Amor fati* (τύχην στέργε), que significa "Ame seu destino". O enunciado da máxima varia, mas de modo geral ele é entendido no sentido de que não devemos tentar adivinhar ou controlar o destino, mas aceitar o curso dos acontecimentos à medida que se desenrolam e aproveitar ao máximo as oportunidades que surgem. Essa ideia com frequência é expressa na frase "Se o destino permitir". Então, é mais razoável dizer "Se o destino permitir" do que "Se Deus quiser": "Estarei lá se o destino permitir", "Atingirei este objetivo se o destino permitir", etc. Isso é o que se chama de adicionar uma cláusula de reserva, uma cláusula que nos faz lembrar que nem tudo em nossas vidas correrá de acordo com o planejado.

Em alinhamento com o valor de abandonarmos nossos apegos, é benéfico considerar *tudo* no contexto de "permissão do destino". Ao acrescentarmos uma cláusula de reserva, reenquadramos nosso olhar para as coisas que planejamos que aconteçam. Isso também nos ajuda a desenvolver resiliência e a ser mais adaptáveis às mudanças, pois nos faz lembrar de que a vida está em constante mudança e de que precisamos estar preparados para o inesperado — como um acidente de carro ou dois compromissos agendados no mesmo horário. Desse modo, não ficamos inclinados a ser tão duros com nós mesmos quando essas coisas acontecerem.

Você só pode fazer *alguma coisa* se o destino permitir. Pensamentos de autodepreciação quando nos culpamos pelo que não poderíamos controlar levam a baixa autoestima, falta de autoconfiança e sentimentos de inadequação ou desvalorização. Com o tempo, eles podem contribuir para um ciclo de pensamentos negativos e dificultar a crença em nós mesmos e a busca de nossos objetivos. Eles também podem interferir em nossa capacidade de estabelecer e manter relações saudáveis, deixando-nos com sentimentos de solidão e isolamento. Em casos graves, os pensamentos de autodepreciação podem contribuir para o desenvolvimento de depressão ou ansiedade. É por isso que é tão valioso começarmos a acrescentar a "permissão do destino" a qualquer coisa com que nos comprometemos, verbal ou mentalmente.

"Não podemos direcionar o vento, mas podemos ajustar as velas" é um antigo provérbio que reforça a ideia de "permissão do destino". Só podemos dar o nosso melhor e controlar o que está ao nosso alcance com as informações que temos à nossa disposição. Esperamos que você não seja tão duro consigo mesmo, se o destino permitir, e que este livro tenha caído nas mãos de alguém que possa se beneficiar de verdade — se o destino permitir.

ACABE COM A PREOCUPAÇÃO ANTES
QUE ELA ACABE COM VOCÊ

Homer Simpson é ótimo em exemplificar o comportamento humano que é não só inato como estranho. Em um episódio de *Os Simpsons*, ele compra um refrigerante em uma máquina de venda automática, mas o produto fica preso no caminho de saída. Ele então coloca o braço dentro da máquina e também fica "preso". Depois de várias tentativas de retirar seu braço, a equipe que o socorre cogita uma amputação. Então um deles faz a pergunta de ouro: "Homer, você está se agarrando à lata?".

O mesmo ocorre com nossas preocupações: só estamos presos porque estamos fazendo essa escolha. Sentimos que, se não estivermos no controle, estaremos fora de controle, mesmo quando o controle que pensamos ter é apenas uma ilusão. É a lata a que nos agarramos desesperadamente como a um amuleto que irá nos proteger. Na verdade, ela está longe de ser um amuleto e é mais como uma pedra de estimação: dura e inútil. Ainda assim, muitas vezes achamos que a preocupação com o incontrolável nos permite partir para a ação e fazer alguma coisa para nos proteger, realizando algum tipo de controle de danos. Estamos, de fato, fazendo algo, só que não algo positivo.

Muitos de nós têm a percepção de que, se não estivermos no controle, estaremos fora de controle; na verdade, é exatamente o contrário. Se nos agarramos firmemente às nossas preocupações, isso bloqueia nosso potencial e pode interferir em nossa capacidade de focar e nos concentrar na tarefa em questão. Quando estamos em um estado de preocupação consistente, muitas vezes temos pensamentos acelerados e ficamos preocupados com os possíveis problemas ou resultados desfavoráveis. Isso pode criar dificuldades para prestar atenção ao que estamos fazendo e para pensar com clareza. Como consequência, podemos cometer erros ou não apresentar nosso melhor desempenho. Então nos preocupamos porque perdemos a melhor parte de nós e questionamos nossas habilidades, mesmo que elas já tenham sido comprovadas.

Se deixamos a preocupação se instalar, a ansiedade e o medo — em vez da lógica ou das evidências — se tornam a plataforma a partir da qual tomamos decisões. Como resultado, talvez façamos escolhas que não são as melhores para nós ou que não estão alinhadas com nossos valores e objetivos. Podemos evitar correr riscos ou tentar coisas novas por medo do fracasso ou da rejeição. Além disso, talvez evitemos buscar ajuda ou apoio quando precisarmos, ou podemos nos engajar em comportamentos não saudáveis, como uso excessivo de álcool ou drogas, numa tentativa de lidar com nossas preocupações.

Estar comprometidos com a preocupação também faz com que nos sintamos infelizes e insatisfeitos, e destrói o modo como vemos o mundo em que vivemos. Em vez de vermos a compaixão, a empatia, a honestidade e o respeito que as pessoas expressam, vemos apenas os comportamentos preocupantes, como ódio, desrespeito e egoísmo. Isso pode provocar em nós uma postura pessimista em quase tudo na vida e interferir em nossas relações atuais ou impedir que novas relações se estabeleçam. Com o tempo, isso pode nos levar a desenvolver uma visão de mundo distorcida ou pouco saudável, baseada no medo e na ansiedade, em vez de uma perspectiva positiva e realista.

Em suma, preocupar-se não é controlar os danos; ao contrário, é a preocupação com o que não podemos controlar que nos prejudica e nos controla. É como pensar que estamos num impasse com o negativo quando, na verdade, a preocupação apenas nos coloca contra nós mesmos; acabamos nos tornando nosso pior inimigo. É por isso que é tão importante deixarmos as preocupações de lado e focarmos nas coisas que podemos controlar, para que as preocupações não controlem nossas vidas. Isso pode nos ajudar a sustentar uma visão de mundo saudável, mantendo-nos eficientes e fazendo com que vivamos ativamente no presente, o que melhora nosso bem-estar geral. Como disse Marco Aurélio (2003), "A sua felicidade depende do padrão de seus pensamentos".

Uma boa analogia, semelhante à situação complicada de Homer Simpson, é a de um certo tipo de armadilha que funciona muito bem com macacos. Os caçadores fazem um pequeno buraco em um coco e colocam um petisco saboroso dentro dele. O macaco enfia a mão para pegar o petisco, mas, ao tentar retirá-la, ela fica presa. Isso acontece porque uma mão cheia é maior do que uma mão vazia e mais larga do que a abertura (veja a figura a seguir). O macaco pode se libertar, mas só se soltar o petisco. Você pode encontrar uma cópia do exercício a seguir para *download* na página do livro em loja.grupoa.com.br.

Escapando da armadilha para macacos

O que não consigo deixar de lado e que está me mantendo preso?

_____

_____

O que eu perderia se deixasse isso de lado?

_____

_____

O que eu ganharia se me permitisse deixar isso de lado?

_____

_____

O que eu desejo mais: minha liberdade ou um resultado inatingível?

_____

_____

_____

_____

TORNE-SE TOLERANTE À INCERTEZA

Para concluir este capítulo, deixaremos você com a tarefa de desafiar sua própria intolerância à incerteza. Aceitar e abraçar a incerteza leva tempo. Lembre-se: a incerteza é uma parte natural da vida, e não algo a ser temido ou evitado. Ela é uma oportunidade de aprender, crescer e prosperar. Assim como um surfista precisa se adaptar às mudanças nas condições do mar, precisamos nos adaptar aos acontecimentos imprevisíveis e em constante mudança em nossa vida. Não podemos controlar as ondas, mas podemos aprender a surfá-las, sejam elas grandes ou pequenas, para encontrar equilíbrio e harmonia. Os surfistas se divertem ao surfar essas ondas, então por que nós não o faríamos? Abraçar a incerteza e aprender a ao surfar as ondas da vida nos ajuda a encontrar significado e realização em nossas experiências, independentemente do que elas possam trazer. Estas são algumas perguntas para fazer a si mesmo todos os dias no esforço para abraçar a incerteza a longo prazo:

- É possível ter certeza de alguma coisa na vida?
- Em que medida minha necessidade de ter certeza é útil ou inútil?
- É razoável prever que coisas ruins acontecerão só porque não tenho certeza?
- Qual é a probabilidade de coisas boas acontecerem ou de coisas ruins acontecerem?
- Que chance eu tenho de prever o futuro?
- Que conselho eu daria a um bom amigo que teme o desconhecido?

Lições do Capítulo 2

- Divida os acontecimentos em categorias: aqueles que você pode e aqueles que não pode controlar.
- O sofrimento provém da tentativa de controlar o que você não pode controlar.
- A impermanência nos une; ninguém sai daqui vivo.
- Aumentar a tolerância à incerteza aumenta a resiliência.

3
Clarificação das virtudes e dos valores

Primeiro diga a si mesmo que tipo de pessoa você quer ser, depois faça o que precisa ser feito.
— Epíteto, *Discursos*, 3.23

Os antigos filósofos estoicos acreditavam em viver de acordo com quatro virtudes: sabedoria, justiça, coragem e temperança. Sabedoria, poderíamos dizer, é termos consciência do que é mais importante para nós na vida. Modalidades como a terapia de aceitação e compromisso colocam uma ênfase significativa no conceito de valores. Quando falamos sobre valores nesse contexto, estamos nos referindo às características do comportamento que são essenciais para nós e que proporcionam um sentimento de realização. Elas são as coisas que genuinamente desejamos fazer na vida e o tipo de pessoa que nos esforçamos para ser. Você pode encontrar uma cópia do exercício a seguir para *download* na página do livro em loja.grupoa.com.br.

Um primeiro passo na clarificação dos seus valores é identificar as coisas que você está fazendo (ou acha que deveria estar fazendo) e formular a si mesmo as seguintes perguntas:

Por que isto é importante para mim?

Estou fazendo isto porque está de acordo com quem quero ser? De que modo?

Ou estou fazendo isto para evitar sentir desconforto? De que modo?

Afastamento dos valores	Aproximação aos valores
O que estou tentando evitar?	Quais são minhas prioridades?
O que me deixa desconfortável?	O que é importante para mim?
O que estou perdendo?	O que quero fazer com a minha vida?

Depois de preencher o quadro, reflita sobre as perguntas a seguir:

Se, por algum milagre, eu não me incomodasse com o desconforto, se os problemas com que me preocupo desaparecessem num passe de mágica, o que eu desejaria priorizar na minha vida?

_____

_____

_____

_____

_____

O que isso me ensina sobre o que é importante para mim?

_____

_____

_____

_____

_____

Há coisas que fazemos porque elas dão sentido à nossa vida, e há coisas que fazemos para nos manter ocupados e não ficar sozinhos com nossos pensamentos e sentimentos. Como disse a autora Tara Brach: "Ficar ocupado é uma forma sancionada socialmente de nos mantermos distantes da nossa dor" (Brach 2004, 16). Uma pessoa pode ser uma grande fã de música porque ouvir música constantemente a distrai do que está acontecendo em sua vida. Por um lado, essa escuta constante de música pode ser uma habilidade de enfrentamento; por outro, é uma evitação. Contudo, se esse interesse por música envolver mais do que escapismo, então ele pode estar alinhado com seus valores. Os valores dizem menos respeito *ao que você não quer* e mais *ao que você quer* — especificamente, o que você quer *fazer*. O que você quer tornar importante em sua vida? E como demonstrará isso pelas suas ações? Os valores dão direção à nossa vida, e os objetivos podem ser passos específicos nessa jornada. Se uma pessoa tem interesse em música, talvez ela tenha objetivos relacionados com aprender a tocar uma canção específica ou ir a um *show* específico. Esses são objetivos claros cuja busca pode ser divertida, e pode haver uma disforia que se segue ao cumprimento do objetivo, o sentimento de "Bem, o que devo fazer agora?".

Neste capítulo, nos aprofundaremos nas virtudes primárias delineadas pelos estoicos, bem como naquelas defendidas pela metodologia de Peterson e Seligman (2004), sobre as quais você lerá logo em seguida. Mostraremos como usar perguntas descomplicadas para clarificar seus valores. Por fim, abordaremos uma das questões mais prevalentes nesse domínio: como garantir que você não está apenas adotando os valores da sociedade ou de outros indivíduos, em vez de determinar por si mesmo o que constitui uma vida gratificante?

POR QUE VALORES E VIRTUDES SÃO IMPORTANTES?

Outra pergunta importante no caminho para a identificação do que é importante para nós é: "Qual é o objetivo de toda a minha vida?". Uma vida perseguindo a felicidade geralmente não é gratificante, pois a felicidade pode ser fugaz. Em geral, para obter o que quer na vida, você deve ser capaz de tolerar e resistir a coisas desagradáveis. Se você considera que a felicidade é a sensação imediata e contínua de prazer, você se torna suscetível a uma série de padrões autodestrutivos e comportamentos viciantes. Se você conseguir se afastar mentalmente e olhar para as experiências que teve ao longo da vida, poderá ter outra perspectiva. Os estoicos tinham um termo para esse prazer que decorre de viver uma vida de gratificação e significado: *eudaimonia* (ou "florescimento"). Esse objetivo final da vida só pode ser atingido quando se vive sistematicamente de acordo com a sabedoria e outras virtudes.

A ideia de florescer traz à mente uma imagem da vegetação crescendo de modo vigoroso e saudável. Se você é um jardineiro, sabe que, se deseja ver resultados, precisa empregar esforço e fazer manutenção constante. Apesar das muitas alegrias, também pode haver um trabalho penoso. O sucesso é obtido com o passar do tempo, e a realização a longo prazo é o que faz com que tudo isso valha a pena.

Os estoicos e outros filósofos gregos usaram o termo *eudaimonia* para se referir ao objetivo último da vida. Embora seja difícil de traduzir, esse termo significa literalmente "ter um bom demônio" ou um espírito orientador. No passado, o termo costumava ser traduzido como "felicidade", porém os estudiosos modernos concordam que palavras como "florescimento" e "satisfação" são uma melhor tradução. *Eudaimonia* não é meramente um sentimento; é um estado de ser completo. É a condição de uma pessoa que está vivendo sua melhor vida, vivendo bem nos momentos entre os aplausos da multidão. No próximo exercício, você verificará se os valores que clarificou no começo deste capítulo são aqueles que está vivendo de verdade.

Que objetivos e ambições tenho para a minha vida?

Em um cenário hipotético em que eu fizesse essas coisas e não pudesse contar a ninguém que as fiz nem publicar sobre elas na internet, isso mudaria quais delas são mais importantes para mim?

Há coisas que quero fazer para poder impressionar outras pessoas?

Há áreas em que percebo que estou buscando a realização por meio da validação externa de outras pessoas?

Que tipo de vida quero para mim?

O que daria significado pessoal à minha vida?

Há atividades que faço para impressionar/agradar outras pessoas e que não se alinham com quem quero ser?

O que quero priorizar?

Em uma escala de 0 a 10, sendo 0 = de modo algum e 10 = completamente, classifique o quanto cada uma destas virtudes é importante para você:

Sabedoria: _____   Justiça: _____

Coragem: _____   Temperança: _____

Como vi outras pessoas demonstrarem essas virtudes em sua vida?

Sabedoria: _____

Justiça: _____

Coragem: _____

Temperança: _____

Em quais dessas áreas quero trabalhar?

SABEDORIA

Enquanto outros podem priorizar aspectos como riqueza e reputação, os estoicos reconheceram que essas coisas não são tão importantes quanto podem parecer. Ignorância ou insensatez, por outro lado, envolvem pensarmos sobre nossa vida de modo irracional e nos deixarmos enganar pelo que vemos na superfície. Para os estoicos, sabedoria envolve reconhecer que as vantagens externas são menos importantes do que como as utilizamos, e que usá-las de modo eficiente requer raciocínio e bom julgamento. Na verdade, a sabedoria estoica é intencionalmente autorreferente, pois ela valoriza e estuda a si mesma acima de tudo.

É impossível exercitar as outras virtudes sem utilizar a sabedoria. A melhor maneira de sabermos se algo é bom ou não, certo ou errado, é nos projetarmos no futuro. Isso pode parecer difícil, mas pergunte a si mesmo: *isso será bom para mim a longo prazo?* A sabedoria também nos possibilita ver as coisas como elas realmente são em vez de nos deixarmos influenciar por nossas emoções ou noções preconcebidas.

Que interação interpessoal recente não aconteceu como eu queria?

O que estava acontecendo nessa situação?

Que elementos dessa situação estavam sob meu controle?

Qual era o resultado que eu queria nessa situação?

O que eu queria era realista?

Dentro dos limites do que estava sob meu controle, o que eu deveria ter feito para conseguir o que queria?

_____

_____

_____

_____

O que aprendi com essa atividade que pode ser aplicado a interações futuras?

_____

_____

_____

_____

Sabedoria é uma habilidade

Não é de admirar que o paradigma da sabedoria, Sócrates, tenha dado muitos exemplos de sabedoria em ação. É importante mencionar um diálogo que Sócrates teve com Meno, um jovem nobre, exemplificando seus pensamentos sobre a natureza da virtude. Meno começa perguntando a Sócrates o que é virtude e se ela é algo que pode ser ensinado. Iniciando o método socrático, Sócrates lhe pede que defina "virtude". Ao tentar definir virtude, Sócrates e Meno consideram isso um desafio. Embora não cheguem a uma definição específica, ambos obtêm percepções e perspectivas valiosas que revelam os limites do seu conhecimento. O diálogo serve para estimular seu pensamento, desafiar seus pressupostos e demonstrar o valor da investigação aberta. A conversa em si, bem como as percepções obtidas com ela, reflete os objetivos mais amplos da filosofia socrática: obter sabedoria, superando a ignorância. A sabedoria é, portanto, um processo e uma habilidade.

JUSTIÇA

A sabedoria, quando aplicada às nossas relações com os outros, leva ao que os gregos antigos chamavam de *dikaiosune*. Essa palavra se traduz como "justiça", mas o significado é mais abrangente. Para nós, ela seria mais bem traduzida como "virtude social". Os estoicos a dividem em "equidade" e "bondade".

A parte da justiça social que conhecemos como "justiça" ou "equidade" foi muitas vezes definida pelos estoicos como: demonstrar aos outros o respeito que eles merecem, tratando-os com equidade. Os leitores de hoje com frequência apontam que há muita discordância sobre como é a justiça na prática. Esse é um assunto complexo, e há infindáveis livros que tentam explicá-lo. Felizmente, há uma regra secular e bem conhecida adotada por diferentes religiões e filosofias, incluindo o estoicismo: a "regra de ouro". Em termos gerais, ela diz que devemos tratar as outras pessoas com o mesmo respeito que gostaríamos de receber delas — ou *fazer aos outros o que gostaríamos que fizessem conosco*, como postula a Bíblia. O oposto correspondente, injustiça ou desigualdade, consiste em explorar os outros, tratando-os com desrespeito e não lhes dando seu devido valor.

Bondade e compaixão

A bondade sempre foi um aspecto essencial da virtude social. Ela envolve desejar o bem-estar dos outros, individual e coletivamente, e tratá-los como amigos, não como inimigos. O imperador estoico Marco Aurélio, por exemplo, construiu um templo para a "beneficência", que representa o ato de ajudar os outros. Embora a felicidade dos outros não esteja sob nosso controle, os estoicos não ficam indiferentes ao seu florescimento e ao desejo pelo seu sucesso, reconhecendo que o destino também desempenha um papel. O oposto da bondade é a crueldade ou a raiva, que os estoicos definem como o desejo de que os outros sofram. Superar a raiva e substituí-la por bondade e compaixão é um dos objetivos principais da antiga terapia estoica.

Para os estoicos, ajudar os outros vai além de lhes dar assistência material. Para demonstrar sabedoria ao ajudarmos os outros, precisamos examinar questões fundamentais, como "O que é bom para nós?" e "O que significa ajudar ou prejudicar alguém?". Apesar da aparente importância que a sociedade atribui à riqueza e à reputação, os estoicos acreditam que a sabedoria ou virtude é o único bem genuíno. Assim, ensinar ou partilhar sabedoria com os outros é uma forma de assistência mais valiosa do que fornecer vantagens externas. Embora bondade e compaixão sejam consideradas virtudes que demonstramos em relação aos outros, os estoicos também veem a filosofia como um meio de cultivar autoamizade ou autocompaixão.

Quais foram as coisas de que precisei, mas não recebi durante minha infância e juventude?

Para o bem ou para o mal, como essas experiências afetaram quem sou atualmente?

Posso oferecer alguma autocompaixão a mim mesmo quando vejo o contexto da minha história?

Como posso me oferecer *agora* o que eu precisei *naquela época*?

CORAGEM

O medo é um dos nossos maiores instintos de sobrevivência. Esse sentimento é um sinal inato de que algo pode ser prejudicial para nós. Mas, quando se transforma em mais do que isso, o medo não nos torna inadequados; ele nos impede de fazer o que é necessário e bom. Há momentos em nossa vida em que sentimos a necessidade de nos manifestar ou de agir contra injustiças, mas temos medo devido ao que os outros podem pensar de nós. *Coragem* é sentir medo, mas agir mesmo assim. O temor a alguma coisa que não tem a ver com uma situação de vida ou morte poderia ser classificado como um medo *irracional*. Como disse Marco Aurélio, "Algo só pode arruinar sua vida se arruinar seu caráter. Caso contrário, você é impenetrável. Isso não poderá lhe prejudicar" (*Meditações*, 4.8).

Seria muito mais prejudicial ao seu caráter se você escolhesse não se manifestar ou agir, e seu caráter não deve ser determinado por aqueles que acham que você é um tolo por se manifestar contra injustiças. Além disso, mesmo que eles pensem isso de você, ainda assim nada de terrível lhe aconteceu.

Coragem também pode significar ser firme em seu jeito, não se deixar abater em uma crise ao liderar uma equipe ou mesmo sua família. Se você está em um papel de liderança como esses, as pessoas olham para você como a sua rocha. Isso não significa ser desprovido de medo, mas não piorá-lo ao exagerar a magnitude da crise. Catastrofizar é contraproducente. É preciso coragem para não permitir que o medo se coloque no caminho da tomada de decisão correta. Em muitas situações, as pessoas que lutam contra o medo e a ansiedade aprenderam a não tolerar se sentirem ansiosas. "Não suporto me sentir assim" é algo que podem dizer. Com frequência, elas desenvolvem um medo do próprio medo. É a isso que os estoicos se referem quando falam de coragem.

Houve alguma situação em que tive medo de fazer algo e fiz mesmo assim?

O que a situação tinha de assustador?

O que aconteceu nessa situação?

Fiz o que tinha de ser feito apesar de me sentir ansioso?

Eu me surpreendi ao fazer coisas que duvidei que conseguiria fazer?

Consigo sentir medo e fazer coisas desafiadoras mesmo assim?

Que medos tive de enfrentar na minha vida?

Que medos ainda preciso enfrentar na minha vida?

Há coisas assustadoras (mas não perigosas) que posso praticar para cultivar minha habilidade de agir com coragem?

_____

_____

_____

_____

TEMPERANÇA

Quando se trata de *temperança*, podemos dizer que ela é a habilidade de manter o autocontrole, mas também envolve entender o que influencia nossos desejos, como genética, ambiente, emoções e normas sociais. Ao entendermos nossos desejos não saudáveis subjacentes, podemos desenvolver estratégias para administrá-los e fazer escolhas mais saudáveis. O conselho de Marco Aurélio é buscar extinguir o apetite: "Acabe com as distrações, administre seus desejos e elimine desejos não saudáveis, e manterá o poder sobre sua mente e sobre suas decisões" (*Meditações*, 2.5).

Para extinguirmos desejos não saudáveis, e não apenas suprimi-los, precisamos entender sua origem. Quando se trata disso, nossos anseios são alimentados pelo seu contexto. Entender esses contextos é um ato de sabedoria; trata-se de se aprofundar no autoconhecimento.

De acordo com os estoicos, as pessoas sofrem porque desejam excessivamente coisas como fama, riqueza, sexo, comida, bebida ou outros prazeres, o que pode levar à dependência. Uma pessoa que demonstra moderação é capaz de renunciar a desejos não saudáveis e resistir à ânsia por certos prazeres que podem gerar uma sensação boa, mas que não são benéficos. No entanto, a moderação isoladamente não é uma virtude, a menos que seja acompanhada de sabedoria, pois autodisciplina sem discernimento pode levar a um comportamento prejudicial. A verdadeira moderação requer compreensão do que é apropriado desejar e do que se deve renunciar, e esse conhecimento é obtido por meio da autoconsciência.

O oposto da temperança é a intemperança (ou excesso), que é caracterizada por autoindulgência e falta de moderação. Sócrates e os estoicos acreditavam que não havia sentido na sabedoria sem temperança, pois ficaríamos vulneráveis à tentação e a tomadas de decisão inadequadas. Para vencer os desejos e hábitos irracionais ou não saudáveis, muitas vezes é necessário recorrer a terapia. O antigo provérbio grego "Nada em excesso" enfatiza a importância do equilíbrio e da moderação, um tema central na filosofia antiga.

O que a temperança abrange não são apenas os desejos, mas também o controle sobre nosso humor. Assim como nossas indulgências, os estoicos contemplam as consequências de explodir num ataque de raiva. Eles também acreditam que a raiva nos faz mais mal do que bem. O filósofo estoico Sêneca considerou a raiva uma "loucura temporária" em seu trabalho *Sobre a ira*. Estamos em um ataque de loucura porque nos transformamos em outra pessoa e fazemos coisas que uma pessoa sã (e sábia) não faria. Quando a raiva surge, ela surge *rapidamente*. Mesmo que você demore mais para senti-la, a raiva ainda pode criar uma sombra no modo como você se sente em relação a coisas que apreciava antes. Você realmente detesta seu emprego ou apenas teve um dia ruim? Você realmente teve um dia ruim ou apenas alguém discordou de você? A raiva pode rapidamente transformar as coisas em algo que elas não são. Como disse Marco Aurélio: "Isto não tem que se transformar em nada mais do que é. Isto não tem que incomodar você" (*Meditações*, 6.52).

Se estamos conscientes da raiva quando ela surge, esses momentos de consciência plena atuam como controle de danos contra perturbações em nosso florescimento pessoal. Podemos escolher não deixá-la nos abater nem nos impedir de sermos a pessoa que desejamos ser. As pessoas que ficam com muita raiva muito rapidamente podem ter dificuldade de captar isso, e podem dizer ou fazer coisas que normalmente não fariam. Uma estratégia é tentar antecipar o surgimento da raiva. É muito mais fácil se desembaraçar e se acalmar quando você está irritado do que quando está fervendo de raiva. Se você conseguir aprender a observar os primeiros sinais de que está ficando zangado, poderá aprender a treinar-se para fazer uma pausa tática, esfriar a cabeça e agir com temperança. Para muitos de nós, a raiva tende a crescer, por isso um primeiro passo para fomentar a temperança é mapear como e onde você sente raiva em seu corpo.

Pare um minuto e pense sobre quando você fica com raiva. Onde você sente a raiva? Onde ela começa e como se desenvolve? Você pode perguntar a amigos próximos ou a familiares o que eles observam quando você fica irritado — pode ser que eles percebam algo até mesmo *antes que você note*.

_____

_____

_____

_____

_____

Sinais comuns de raiva

Aceleração dos batimentos cardíacos

Desconforto no estômago

Tremor

Tensão

Sensação de calor

Alterações no padrão respiratório

Comportamento de ranger os dentes

Flutuações na intensidade vocal

Aceleração ou diminuição do ritmo da fala

Mudanças na linguagem corporal

Outro: _____

_____

_____

CONHECE A TI MESMO: QUE SIGNIFICADO VOCÊ QUER DAR À SUA VIDA?

Como mencionado, os estoicos definiram a sabedoria como o conhecimento do que é bom, o que implica conhecer nossos objetivos fundamentais na vida. Para alcançarmos a sabedoria, é crucial conhecermos a nós mesmos e termos consciência dos nossos valores e objetivos mais profundos. O processo de clarificação dos valores, que você fez neste capítulo, é considerado uma forma de sabedoria. A pergunta final é: se eu fosse viver uma vida de realização, guiada pela paixão e pela virtude, como ela seria? Quando Marco Aurélio escreveu *Meditações*, abordou a sua vida e o que o estoicismo lhe ensinara.

Clarificação dos valores

Se eu me sentasse e escrevesse minhas memórias, minha própria versão do clássico *Meditações*, o que eu desejaria dizer?

Que tipo de vida eu precisaria viver para ser capaz de dizer isso?

O que eu priorizaria na minha vida diária?

O que aprendi sobre meus valores a partir disso?

Que mudanças eu precisaria fazer?

ADOÇÃO DE UM SÁBIO

Agora que você imaginou como deseja que sua vida seja, de que modo chegará lá? Uma ferramenta estoica que pode facilitar essa transformação no que você quer ser é a prática de adotar um sábio. Os estoicos antigos enfatizam a importância de esforçar-se para atingir esse ideal, ao mesmo tempo que reconhecem que a verdadeira sabedoria é extremamente rara, desafiadora e inatingível. Entretanto, "adotar um sábio" nos encoraja a melhorar sempre, viver de acordo com a virtude e focar no objetivo real: a busca de sabedoria e autodomínio. Um maravilhoso subproduto dessa busca é a obtenção de mais satisfação na vida ao imitar uma pessoa que admiramos; isso é motivador e nos inspira a confiar em nós mesmos à medida que tomamos decisões com convicção.

Pense em alguma pessoa que você admira porque ela tem a coragem de viver de acordo com valores que se alinham aos seus. Liste as características que admira nela e faça questão de incorporá-las. Ao imitar todos os dias o sábio que aspiramos ser, estamos nos condicionando a agir de acordo com como gostaríamos de viver e conforme a pessoa que queremos ser. Isso pode parecer estranho no começo, mas lembre-se de que imitar não é fingir se você praticar isso com a intenção de manter essas características pelo resto da sua vida.

Quem é meu sábio? _____

O que o torna admirável?

_____

_____

_____

No que ele acredita?

_____

_____

_____

Reserve um momento para refletir sobre o que você escreveu. Depois, revisite a lista todos os dias e se esforce para adotar uma característica por dia.

Não há muitas coisas que podem ser prometidas na vida, mas, apesar das dificuldades iniciais, podemos prometer que viver de acordo com seus valores vale o retorno do investimento. Você vai desenvolver e desbloquear novas habilidades à medida que ficar mais confiante de que está vivendo a vida que escolheu. Isso fará com que se sinta autoconfiante e realizado, levando uma vida que considera pessoalmente gratificante. Isso contribui para a paz interior duradoura — apesar das opiniões dos outros ou de circunstâncias externas indesejáveis que podem acontecer com você.

Lições do Capítulo 3

- Manter o foco em seus valores e virtudes impede que você se descontrole quando as adversidades o atingirem.

- A felicidade pode ser fugaz, mas viver de acordo com seus valores e com as virtudes estoicas o ajuda a prosperar independentemente das situações (*eudaimonia*).

- Os valores são o que é mais importante para toda a sua vida, não apenas para os momentos que definem os objetivos.

- Sabedoria, justiça, coragem e temperança conduzem a uma maior satisfação pessoal e beneficiam toda a sociedade.

- Adote um sábio que tenha valores alinhados aos seus e trabalhe para incorporar um dos traços dele a cada dia.

4
Vivendo como um estoico

Embora o conhecimento da teoria nos permita falar sobre ela, a prática consistente é o que nos possibilita vivê-la.
— Musônio Rufo, *Seminários*, V

Insight é bom; *insight* mais mudança de comportamento é ainda melhor. Aprender a pensar como um estoico é útil, mas como realmente *viver* como um estoico? Uma coisa é decidir o que você quer mudar, mas a verdadeira mudança não é apenas uma declaração: é um padrão contínuo — da mesma forma que um casamento é muito mais do que uma cerimônia de casamento. Este capítulo focará em como criar mudança em sua vida.

Os estoicos antigos descreviam seu estado atual como *prokopton* (ou *prokoptó*). Esse termo significa "progredir" e foi usado para descrever o processo de progredir para viver uma vida guiada por valores, examinando suas ações e pensamentos e esforçando-se para melhorar. Isso é o que nós, autores deste livro, ainda hoje nos esforçamos para fazer. Como disse Sêneca: "Estou aqui para discutir nossos problemas com você e oferecer medicamentos, como se nós dois fôssemos pacientes no mesmo hospital" (*Sobre a brevidade da vida*, carta 27).

Por isso, companheiro *prokopton*, neste capítulo iremos conduzi-lo por práticas simples para ajudá-lo a identificar e entender seus comportamentos atuais e a desenvolver uma estratégia para adotar novos comportamentos com facilidade. Também falaremos sobre o último passo na jornada do seu desenvolvimento pessoal, que é como responder ao mundo com base em seus valores, algo que chamamos de "modo sábio". Por fim, estaremos aqui para ajudá-lo durante os momentos difíceis que costumam acompanhar a jornada para se tornar uma pessoa próspera e resiliente. Agora que você está equipado com uma compreensão fundamental do que leu até aqui sobre valores e virtudes, a única pessoa entre você e quem você gostaria de ser é você mesmo. Mas lembre-se: como a pessoa guiada por valores que você aspira a ser, o que importa é a jornada.

SÓCRATES DESAFIA O MUNDO

Como seres humanos, todos nós nos encaixamos em padrões de comportamento. Alguns comportamentos são saudáveis e outros, não. Ainda assim, nosso comportamento cotidiano é um padrão moldado por nossas crenças, experiências passadas, visão de mundo e muitos outros fatores. Padrões são fáceis de adotar, mas geralmente difíceis de romper, pois eles são parte integrante da nossa identidade. Você, caro leitor e companheiro *prokopton*, escolheu este livro porque está buscando se tornar o que quer ser: uma pessoa mais sábia que deseja viver uma vida satisfatória e com melhor qualidade. De fato, é por isso que muitos de nós lemos livros sobre autoaperfeiçoamento. No entanto, apesar da leitura dos textos, muitos de nós não se beneficiam. Isso não se deve tanto ao conteúdo do livro, mas ao que ele exige que seja feito: desafiar nossas crenças, comportamentos e, por fim, a nós mesmos. Isso é desconfortável e muitas vezes até doloroso.

Sócrates deixou quase todos desconfortáveis ao fazer uma série de perguntas instigantes, pois ele pretendia expor as contradições e inconsistências em suas crenças e ações. Com frequência, ele levava os indivíduos a perceberem que não compreendiam verdadeiramente os conceitos que alegavam conhecer. Nós também precisamos perceber isso, a fim de criar mudanças duradouras.

Em *Apologia*, Platão menciona o retrato que Sócrates faz de Atenas como um cavalo grande e letárgico, e de Sócrates pessoalmente como o mosquito mordaz que o desperta e provoca. Desafiar nossas zonas de conforto vai nos picar como o mosquito e nos deixar com a coceira do desconforto. Contudo, a picada e a coceira eventualmente diminuem, e assim surge a nova pessoa que você desejava ser. Assim como o mosquito mordaz de Atenas, essas perguntas de sondagem podem nos instigar e nos perturbar a princípio, mas com o tempo elas conduzem a uma compreensão mais profunda de nós mesmos, do mundo à nossa volta e de como a pessoa que seríamos está relacionada com isso. Aceitar esse desconforto é o caminho para eliminar as velhas camadas e emergir como a pessoa que aspiramos a ser.

ADOTANDO O MODO SÁBIO

Epíteto escreveu: "Cada hábito e habilidade é solidificada e melhorada por meio de ações consistentes; caminha-se melhor com a prática da caminhada, corre-se melhor com a prática da corrida. Se você quer ser um bom leitor, então leia; se você quer ser um bom escritor, então escreva" (*Discursos*, 2.8). Viver a vida de um estoico é tornar-se o mais sábio possível. O sábio é um ideal hipotético e implica essa busca ativa. No entanto, os estoicos (assim como a lógica) nos dizem que jamais atingiremos um estado de onisciência, tampouco seremos a pessoa mais sábia de todas. Na verdade, assim como o platonismo e o epicurismo, o estoicismo foi originalmente denominado "zenoísmo", em homenagem ao seu fundador, Zeno. Contudo, como os estoicos tinham convicção de que essa era a filosofia de uma pessoa comum e de que seus fundadores não eram infalivelmente sábios, esse rótulo foi rapidamente descartado.

O modo sábio também não é um caminho para se tornar perfeito. Entretanto, semelhante aos padrões de comportamento que nos mantêm presos, ele ajuda a nos impulsionar para a frente, promovendo resiliência. O modo sábio é o estágio em que a prática consistente dos princípios estoicos e os exercícios da TCC se fundiram em uma resposta instintiva às situações e acontecimentos. Essa mudança de paradigma é uma série de disparos cognitivos automáticos que se tornaram uma segunda natureza, e não algo sobre o que temos de pensar ativamente. Agora mesmo, você está cultivando não só a filosofia estoica, mas também práticas de TCC. Com o tempo, essa prática conjunta evolui para uma resposta automática que proporciona a tranquilidade de saber que você está tomando as melhores decisões possíveis todos os dias e na sua vida de modo geral.

A figura a seguir ilustra os quatro aspectos do modo sábio. Você pode encontrar uma cópia do resumo para *download* na página do livro em loja.grupoa.com.br.

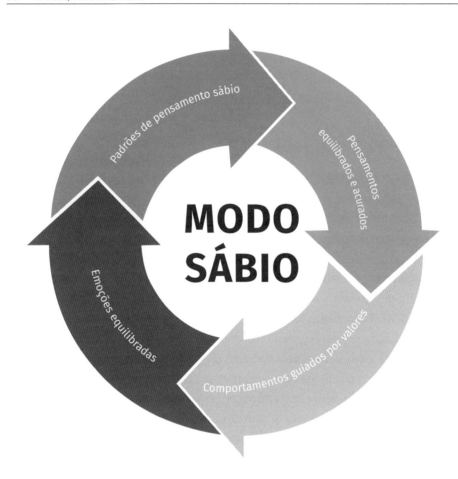

Os quatro aspectos do modo sábio

Padrões de pensamento sábio

Reconhecer e aceitar os limites do controle

Manter as coisas em perspectiva

Manter o foco em como ser eficaz

Ter curiosidade e empatia

Pensamentos equilibrados e acurados

As impressões iniciais são avaliadas

Nível de realismo saudável nos pensamentos

Comportamentos guiados por valores

Responder em vez de reagir

Focar as energias e os comportamentos na construção de uma vida significativa

Investir energia onde a mudança é necessária e possível

Deixar de lado o que não lhe serve

Emoções equilibradas

Em contato com as emoções, mas ainda no controle

Tolerância ao estresse para viver de acordo com os valores

Toda a gama de experiências emocionais

Reserve um momento para voltar ao final do Capítulo 1, em que você definiu suas intenções ao usar este manual. Revise suas intenções e reflita sobre o que aprendeu até agora. Veja se quer fazer mudanças ou acréscimos.

Quais são minhas razões para experimentar este livro de exercícios?

_____

_____

_____

_____

_____

_____

Há algo específico que estou esperando aprender?

Tenho problemas específicos que quero abordar?

Tenho objetivos ou ambições em prol dos quais quero trabalhar?

Há elementos do modo sábio que quero acrescentar à minha lista?

Se eu visualizasse — com o maior número possível de detalhes — a minha vida após o alcance dos meus objetivos, como seria um dia dessa vida? Em particular, o que as outras pessoas me veriam fazendo se eu atingisse meus objetivos? Como um observador independente saberia, apenas observando, que atingi meus objetivos?

Seja o mais específico possível: que passos posso dar *hoje* para começar a construir essa vida?

PROGRESSO, NÃO PERFEIÇÃO

Estoica ou não, muitas vezes nossa mente pode ser um território turbulento e desregrado. Esse é um aspecto comum da condição humana. É também por isso que os estoicos acreditam que, embora devamos nos esforçar para alcançar o ideal do sábio, nunca o atingiremos. A própria filosofia com frequência dá mais importância à praticidade e à ação significativa do que a ideais elevados.

A autoconsciência é o que os estoicos antigos chamam de *procosché*. Ela envolve a observação de nossas sensações, emoções e pensamentos, direcionando nosso foco para o momento atual. Em termos simples, trata-se de *mindfulness*. Por isso, em vez de tentarmos impedir nossas tendências naturais e reações iniciais, devemos ter como objetivo apenas administrá-las. Em vez de esperarmos perfeição, devemos praticar *mindfulness* estoico. O objetivo é cultivar a capacidade de voltar às práticas estoicas e aos exercícios de TCC contidos neste livro como uma prevenção não contra o caos mental, mas contra sermos consumidos por ele.

MINDFULNESS ESTOICO

Há sabedoria estoica nesta citação de Marco Aurélio: "O caminho a seguir passa pela superação dos obstáculos. O que dificulta o progresso também pode servir como caminho para o sucesso" (*Meditações*, 5.20). O obstáculo como a rota para o sucesso é ilustrado pela forma como ensinamos às pessoas a habilidade de *mindfulness*. Muitas vezes, um obstáculo para ser mais atento é uma mente que vagueia (ou mente de macaco), que parece saltar de um lado para outro erraticamente. Talvez você diga: "Não consigo aprender a focar em alguma coisa! Minha mente é distraída demais". A verdade sobre o treino de *mindfulness* é que ele consiste em aprender a redirecionar sua atenção quando ela se dispersa. Fazer isso várias vezes desenvolve o músculo mental que se torna *mindfulness*. Você não pode controlar se sua mente vagueia, mas pode controlar se a traz de volta de forma gentil, repetidamente.

1. Escolha alguma coisa em que focar (interna ou externa), como um ponto na parede, sua respiração ou a chama de uma vela.
2. Preste atenção a essa coisa.
3. Sua mente vagueará automaticamente por conta própria.
4. Note que sua mente está vagueando.

5. Tenha paciência consigo mesmo e gentilmente traga sua atenção de volta para aquilo em que está focando.

6. Repita os passos 3 a 5 com frequência.

Tente esta reformulação: o *mindfulness* tem menos a ver com sua mente nunca vaguear e mais a ver com tornar-se muito bom em trazer sua atenção de volta para aquilo em que você escolheu focar. A habilidade consiste em notar quando sua atenção vagueia e gentilmente trazê-la de volta. Pela perspectiva da TCC, o *mindfulness* em si não é curativo. A ideia não é praticar *mindfulness* e alcançar um estado zen em que não existem problemas. A ideia é que o *mindfulness* pode nos ajudar a desacelerar mentalmente para que possamos identificar todos os pontos de escolha que a nossa resposta automática está ignorando. Cultivar a prática de *mindfulness* pode ser uma estratégia útil se você notar que costuma ter comportamentos impulsivos que tendem a acontecer sem que você sequer pense a respeito.

Pense em uma situação em que você fez algo impulsivo. Mapeie a sequência de acontecimentos que levaram a esse comportamento impulsivo. Procure acrescentar o máximo possível de detalhes.

Agora imagine o comportamento que você preferia ter tido em vez desse. Imagine uma sequência revisada dos acontecimentos e se veja fazendo o que preferia ter feito. Procure acrescentar o máximo possível de detalhes.

Preste atenção aos pontos críticos nos quais você deveria ter feito algo diferente. Observe os elementos distintivos desses momentos para que possa assinalá-los mentalmente como momentos para se engajar em comportamentos alternativos no futuro. Liste esses pontos críticos a seguir.

A estratégia de *mindfulness*, como muitas outras apresentadas neste livro, é uma habilidade. Quanto mais praticá-la, melhor você será nessa habilidade. Você precisa praticá-la com frequência para ser capaz de utilizá-la bem.

COMO MARCO AURÉLIO SE TORNOU MARCO AURÉLIO

Enquanto consideramos nossa própria jornada para nos tornarmos estoicos, vejamos o que podemos aprender com os períodos de desenvolvimento daqueles que nos antecederam. Inúmeros fatores interferiram para que Marco Aurélio se tornasse o rei filósofo que era. Quando Adriano, que não tinha herdeiros, decidiu que o filho de seu sobrinho, o adolescente Marco Aurélio, tinha as qualidades necessárias para ser imperador, ele adotou Antonino Pio com a condição de que Antonino, por sua vez, adotasse Marco Aurélio, dando a Marco, desse modo, um caminho para a sucessão. Posteriormente, ele nomeou o estoico bem conceituado Júnio Rústico como um dos tutores de Aurélio. Em *Meditações* (1.7), Aurélio reflete sobre o que aprendeu com seu mentor:

> Rústico teve um impacto profundo em mim, fazendo-me perceber a necessidade de autoaperfeiçoamento e disciplina. Ele me ensinou a não ser influenciado pela competição vã, a evitar escrever sobre conceitos abstratos, a evitar fazer discursos excessivamente persuasivos e a não buscar reconhecimento por praticar a disciplina ou realizar atos de caridade. Ele também alertou contra entregar-me à retórica, à poesia ou à prosa extravagantes.
>
> Além disso, ele me encorajou a perdoar rapidamente aqueles que tinham me ofendido com palavras ou ações se eles demonstrassem disposição para se reconciliar. Rústico incutiu em mim o valor de ler com atenção e não me contentar com uma compreensão superficial de um livro. Por fim, ele me apresentou aos ensinamentos de Epíteto por meio da sua própria coleção, pelo que sou muito grato.

A mensagem que podemos extrair de Rústico é de que *o estoicismo não é para os adeptos de algumas boas citações*; trata-se de uma filosofia vivida. Aurélio aprendeu a não focar na linguagem artística e em gestos performáticos para se fantasiar de estoico; em vez disso, aprendeu a viver com simplicidade, ler com atenção, ter humildade e pensar duas vezes. Além disso, ele aprendeu a viver uma vida guiada por sabedoria, coragem, justiça e temperança. Se você deseja obter o verdadeiro valor do estoicismo e promover mudanças reais e duradouras em sua vida, precisa aproximar-se dele com sinceridade e um desejo de abraçar a autenticidade e o autoaperfeiçoamento significativo. Uma verdade fundamental é que mudança requer prática e algo que possamos aplicar a nossas próprias vidas.

O QUE EPÍTETO APRENDEU COM MUSÔNIO

De modo similar, o que podemos aprender com a educação de Epíteto? Um dos estoicos romanos mais influentes, Caio Musônio Rufo foi o mentor do profundamente influente Epíteto, que escreveu *Discursos*, ou *O manual*, como o conhecemos hoje. Musônio era conhecido por sua integridade e sabedoria e era um membro proeminente da Oposição Estoica ao tirano imperador Nero. Depois de retornar do seu terceiro exílio devido à sua oposição, ele recebeu Epíteto como aluno. Ambos tinham grande profundidade em sua filosofia, e considera-se que suas adversidades ao serem exilados e escravizados os tornaram mais capazes de empatia e entendimento. Os dois também acreditavam que colocar a teoria em prática é de grande importância, porque isso conduz à ação. Embora os trabalhos de Musônio sejam limitados, está claro que ambos empregaram uma abordagem de ensino simples e sucinta. "Mantenha-se preponderantemente em silêncio e, se falar, compartilhe apenas palavras essenciais e seja breve", escreveu Epíteto em *Enquirídio*, 33. Talvez por isso o *Enquirídio* seja descrito com frequência como descomplicado em sua aplicação.

Quando trilhamos o caminho para nos tornarmos estoicos, é importante considerarmos os conhecimentos que Epíteto adquiriu de Musônio referentes a esse mesmo percurso, o que pode nos guiar para imitar seu exemplo. Epíteto diz: "A sala de aula do filósofo serve como uma 'clínica': ao sair, não se deve sentir euforia, mas certa inquietação, parecida com o que acontece quando você não entra em perfeitas condições" (*Discursos*, III.24.20).

Hoje, usamos a palavra "terapêutico" para indicar que algo é apaziguador ou envolve o trabalho doloroso de abordar as questões subjacentes. Um dentista pode usar uma anestesia local para atenuar a dor de um procedimento, o que ajuda, embora o valor principal do processo seja abordar o problema subjacente. O estoicismo não pretende ser a novocaína, mas a broca. Semelhante à prática da fisioterapia, em que nos concentramos em realizar diligentemente tarefas difíceis (e às vezes dolorosas) para aumentar nossa flexibilidade e funcionalidade, para Epíteto, o estoicismo não busca nos fazer evitar a dor, mas confrontá-la e superá-la. No outro lado desse desconforto de curta duração está a recompensa vitalícia de viver bem. Como escreveu Musônio Rufo: "Quando você alcança algo valioso por meio do trabalho árduo, o esforço rapidamente é reduzido, mas o resultado positivo é duradouro. Por outro lado, se você faz algo vergonhoso em prol da gratificação instantânea, o prazer se dissipa rapidamente, ao passo que a vergonha persiste" (*Fragmentos*, 51). Podemos aprender com a jornada de Epíteto para aplicar à nossa própria vida.

SUPERANDO OS OBSTÁCULOS NA JORNADA DO *PROKOPTON*

A jornada do *prokopton* é de progresso em direção à sabedoria e ao equilíbrio. No entanto, o estoicismo não nos isenta de sentirmos resistência do nosso ambiente ou de duvidarmos de nós mesmos. Deveríamos esperar que fosse fácil nadar contra uma corrente que flui na mesma direção há anos, talvez décadas? É claro que não. Quando mudamos, nosso ambiente reage. Assim como Aurélio se preparava a cada manhã para encontrar à sua espera pessoas resistentes, também devemos esperar encontrar pessoas em nossas vidas que não compreenderão nossos objetivos. Também é importante estarmos atentos para quando assumimos muitas coisas ao mesmo tempo. Um bom indicador disso são os sentimentos esmagadores de falta de autoconfiança que fazem nossa mente retornar rapidamente aos seus padrões desgastados, ao comportamento agradável que é familiar, mas que em última análise nos impede de progredir. Essas são as dores do crescimento que acompanham a mudança. Se abraçarmos esses desafios em vez de sacrificarmos nossa autenticidade pela aprovação ou para evitar a vulnerabilidade, ganharemos algo muito maior: uma vida satisfatória, que mantém seu significado independentemente do que acontecer.

É importante ter em mente que as *Meditações* de Marco Aurélio não são necessariamente ensinamentos. Elas são observações coletivas sobre o que o estoicismo lhe ensinou e sua eficácia comprovada em quase todos os aspectos da sua vida. O aprendizado nunca parou, já que esse imperador romano continuou sendo um verdadeiro estudante até sua morte. Como mencionamos, ele enfatizou muito a impermanência, mas também a mudança. Marco Aurélio acreditava que a mudança é um aspecto inerente e fundamental do universo, ecoando a filosofia do pensador pré-socrático Heráclito. Como Sócrates expressou em *Crátilo* de Platão, o *insight* de Heráclito de que "A mudança é a única constante na vida" ainda é uma ideia atemporal e profunda. Marco Aurélio também reconheceu que a mudança muitas vezes é acompanhada de uma perda ou do abandono de algo a que podemos ter nos apegado, como as zonas de conforto ou a necessidade de ser aceito. Contudo, embora a morte seja um destino que todos nós compartilhamos, viver na estagnação e depender de circunstâncias externas para ser feliz é uma morte em vida; o objetivo do estoicismo é focar no florescimento e em viver uma vida plena, guiada pelo que mais importa.

Lições do Capítulo 4

- A mudança é um processo.

- Os antigos padrões podem parecer automáticos devido a uma variedade de fatores.

- Um modo sábio de ser inclui padrões de pensamento sábio, pensamentos equilibrados e acurados, comportamentos guiados por valores e emoções equilibradas.

- Você pode usar suas habilidades estoicas para ajudar a promover um padrão de vida estoico.

5
Da exigência à aceitação

As circunstâncias não se curvam às nossas expectativas.
Os acontecimentos se desenrolam à sua própria maneira e as pessoas agem como querem. Se tolerarmos isso, a vida será tranquila.
— Epíteto, *Enquirídio*, 8

Caio Musônio Rufo foi um dos principais filósofos estoicos romanos no primeiro século. Sua sabedoria e sua integridade lhe renderam um respeito tão profundo que os acadêmicos contemporâneos ocasionalmente se referem a ele como o "Sócrates de Roma". Musônio também estava entre os estoicos que se opuseram ao tirano imperador Nero. Em face do exílio devido à sua oposição, um dos aliados de Musônio, Trásea, expressou que preferia ser morto a enfrentar o banimento. Musônio, no entanto, não pensava o mesmo: "Se você decidir que a morte é o mal maior", disse ele, "qual é a explicação subjacente a isso? Ou, se você decidir aceitá-la como o menor de dois males, não se esqueça de quem lhe ofereceu essa escolha. Por que não tentar abraçar o que lhe foi concedido?" (Epíteto, *Discursos*, 1.1.26). O foco deste capítulo é a ideia de se reconciliar com a realidade mantendo a resiliência e a perseverança. Sua sabedoria nos ajuda a reconhecer que o que aconteceu já aconteceu e nos auxilia a concentrar nossos esforços naquilo sobre o que realmente temos controle: nós mesmos. Revisitaremos a sabedoria e as percepções de Musônio em um capítulo posterior.

Considere também o exemplo do filósofo Epíteto. Ele foi escravizado desde o nascimento, e há relatos de que mancava devido ao severo abuso físico que sofreu nas mãos de seus senhores. Apesar disso, ele escreveu: "A doença obstrui o corpo, mas não a vontade, a menos que ela assim o deseje. Mancar atrapalha a perna, mas não a vontade. Tenha isso em mente para qualquer eventualidade. Você notará que a adversidade pode impedir outra coisa, mas não a sua essência" (*Enquirídio*, 9). Ele também escreveu: "Você pode acorrentar minha perna, mas mesmo Zeus não pode superar minha livre vontade" (*Discursos*, 1.1). Isso significa: você pode acorrentar minha perna, mas não pode acorrentar minha mente. Com isso, aprendemos que, embora nem sempre possamos controlar nossas circunstâncias, podemos controlar como escolhemos reagir a essas circunstâncias, mesmo quando elas são penosas e injustas. Para explorar como podemos responder a situações estressantes, vamos examinar os exemplos de Linda e Leon nas histórias a seguir.

Linda é muito ativa em sua fé, mas seus filhos adultos, não. Ela expressou muitas vezes que quer que eles frequentem a igreja, mas, quanto mais levanta esse assunto, menos eles querem falar a respeito.

O que você supõe que aconteceria se ela se esforçasse ainda mais? Quem sabe ela pudesse tentar forçá-los a ouvi-la ler as escrituras. Talvez ela pudesse lhes enviar a programação dos sermões da sua igreja. Ou, se pudesse pedir que os evangelizadores os visitassem, talvez eles conseguissem entrar em contato com seus filhos. Ela também poderia tentar enganá-los, convidando-os para jantar quando o pastor estivesse por lá.

Essa intensificação a ajudará a conseguir o que deseja? É possível que isso tenha um efeito contrário e que seus filhos se tornem ainda mais distantes?

Quais são as expectativas de Linda?

Suas expectativas estão sob seu controle?

Como sua tentativa de controlar a situação afeta as coisas?

Leon, que está atrasado para um compromisso, dirige na autoestrada na faixa de ultrapassagem. O motorista à sua frente não está indo rápido o suficiente para o seu gosto. "A faixa da esquerda é para ultrapassagem!", Leon pensa. Uma raiva cresce dentro do seu peito quando ele grita com o carro à sua frente: "Você morreria se acelerasse, cara? Vou me atrasar por sua causa!".

A intensificação de seu comportamento vai tirar o carro do seu caminho? Talvez ele pudesse tentar buzinar incessantemente e agitar seu punho. Se ele ficar na cola do outro carro, talvez o motorista acelere. Ele poderia correr o risco e ultrapassar o motorista pelo acostamento.

Alguma dessas opções ajudaria Leon a conseguir o que deseja? Talvez o carro saísse do caminho devido ao seu comportamento desequilibrado, mas sua atitude poderia fazer com que o motorista se ressentisse com essa reação indisciplinada e então reduzisse a velocidade de propósito. As chances do pior cenário se tornam cada vez mais prováveis quanto mais Leon se engaja nesse comportamento agressivo: ser parado pela polícia ou causar um acidente, possivelmente até matando alguém no processo. Essa seria uma consequência muito mais prejudicial e duradoura do que apenas se atrasar.

Quais são as expectativas de Leon?

Suas expectativas estão sob seu controle?

Como sua tentativa de controlar a situação afeta as coisas?

A PARTIR DE AGORA, É SÓ SUBIR A MONTANHA: A ETERNIDADE DE SÍSIFO

Segundo a mitologia grega, Sísifo foi punido por Hades, que o forçou a passar todos os dias rolando uma imensa pedra até o alto de uma montanha por toda a eternidade. Ele jamais conseguiu concluir sua tarefa. O problema não era que ele não se esforçasse o suficiente, mas o fato de que ele estava tentando fazer algo que era *impossível*. Na Antiguidade, essa história servia para descrever como o inferno é de fato.

Os humanos se encaixam em padrões em que criam uma vida semelhante à punição de Sísifo quando empregam todo o seu tempo e energia tentando fazer algo que, em seu íntimo, sabem que é inatingível. Lutar contra a realidade pode ser um inferno em si mesmo. Como afirmou Marsha Linehan, fundadora da terapia comportamental dialética (DBT), "A aceitação é o único caminho para sair do inferno" (Linehan 2014, 461). Sísifo estava condenado por toda a eternidade, mas nós humanos temos a habilidade de reconhecer padrões e fazer mudanças.

Onde vejo outras pessoas presas em um padrão como aquele em que Sísifo estava?

Como essa busca interminável as afetou?

Se elas se desvinculassem desse padrão, em que, em vez disso, poderiam empregar seu tempo e energia?

Que tipo de vida eu desejaria para elas?

Se eu estivesse na posição delas, o que desejaria fazer?

VIVENDO DE ACORDO COM A NATUREZA

Marco Aurélio sintetiza o que significa viver de acordo com a natureza em *Meditações*, 2.17:

> A vida humana é fugaz, nossos corpos estão em constante mudança, nossas percepções são limitadas, nossa composição física está sujeita ao declínio, nossos pensamentos estão sempre mudando, a sorte é imprevisível e a fama carece de julgamento. Em essência, nossa existência física flui como um rio, nosso estado mental é semelhante a um sonho ou vapor, a vida é uma batalha em território desconhecido e o reconhecimento póstumo se dissipa na obscuridade. Então, o que nos guia? Apenas a filosofia. Filosofia significa manter a harmonia interna, resistir às pressões externas, suportar a dor e o prazer com um propósito, agir com sinceridade, não depender dos outros, aceitar os acontecimentos e as circunstâncias da vida como parte da nossa jornada e enfrentar a morte com serenidade, já que ela é meramente a dissolução da nossa composição elementar. Se o mundo natural está em constante mudança sem prejuízos, por que temer a transformação e a dissolução dos nossos próprios elementos? Tudo está de acordo com a natureza, e nada que é natural pode ser considerado maligno.

O estoicismo sustenta que existe uma ordem racional no universo, muitas vezes chamada de "natureza" ou "logos". Para viver em concordância com a natureza, os estoicos acreditam que devemos alinhar nossos pensamentos, ações e desejos com essa ordem racional. Isso envolve reconhecer e aceitar o curso natural dos acontecimentos, incluindo nossa própria mortalidade, em vez de resistir ou ser perturbado por eles. Podemos responder com resiliência em vez de medo.

Viver em harmonia com a natureza envolve alinharmos nossas vidas com a razão, empregando nossas faculdades racionais para guiar nossas ações e escolhas. Embora possamos ser muito parecidos com os animais, o principal traço que nos separa deles é essa habilidade de raciocinar. Por isso, embora um cachorro possa naturalmente latir ou morder quando se sente ameaçado, não podemos (ou *não devemos*) fazer isso com nosso chefe ou cônjuge. Tal comportamento vai contra a razão humana, que *é* natural para nós. Temos a capacidade de parar e calcular os riscos sem nos entregarmos a nossas emoções excessivas; podemos suspender o julgamento e examinar nossas impressões iniciais. Podemos nos comportar como Marco Aurélio escreveu: "Se fatores externos lhe causam angústia, o sofrimento não surge da coisa em si, mas da avaliação que você faz dela; e alterar essa avaliação está ao seu alcance a qualquer momento" (*Meditações*, 8.47). Da mesma forma, a "Oração da serenidade" é um mantra para quase todos os programas de recuperação de 12 passos: "Deus, conceda-me a serenidade para aceitar as coisas que não posso mudar, a coragem para mudar as coisas que posso e a sabedoria para reconhecer a diferença entre elas".

Lutar contra as coisas que não podemos mudar é o que causa a maior discórdia em nossa vida. Se escolhemos não aceitar a realidade de uma situação, isso não muda a situação, só faz com que nos sintamos pior a respeito dela. Isso causa perturbação emocional, que é o que nos motiva a procurar qualquer coisa para anestesiá-la em vez de trabalharmos ativamente para entender como nos sentimos. Com muita frequência escolhemos o vício em vez do enfrentamento, pois ele parece mais fácil no momento. Porém, isso não torna a *vida* mais fácil. A realidade estará ali esperando nós ficarmos sóbrios, e, quanto mais a negamos, mais vício procuramos. Se aceitamos a realidade e as adversidades que podem acompanhá-la, mantemos a direção de nossa vida. Como ilustra o filósofo Bion de Boristene: "Caso tente pegar uma cobra pelo centro do seu corpo, provavelmente você será mordido. No entanto, se segurá-la pela cabeça, ela não conseguirá mordê-lo" (Teles de Mégara, *Sobre a autossuficiência*). Viver de acordo com a natureza também é a base da terapia de aceitação e compromisso (ACT, do inglês *acceptance and commitment therapy*) e da TCC, que incentivam as pessoas a abraçar seus sentimentos em vez de viver em negação ou com vergonha deles.

AMOR FATI

Amor fati, uma expressão em latim comumente usada no estoicismo, significa "amor ao destino" ou, em um contexto moderno, "abraçar o próprio destino". Abraçar nosso destino não é uma atitude passiva, mas produtiva. Quando abraçamos o destino em vez de resistir a ele, obtemos mais informações, já que trabalhamos com ele e não contra ele. A sabedoria desse mantra combina bem com a sabedoria de uma antiga canção de Crosby, Stills e Nash, que cantam sobre uma situação em que podemos não estar com a pessoa com quem queremos estar, mas podemos amar a pessoa com quem estamos. Embora nosso destino possa não ser a vida que teríamos escolhido, essa é a vida que temos, e quando tudo acabar talvez não haja mais nada a fazer. Então o que devemos fazer? Viver uma vida de ressentimento amargo que não é o que queríamos? Ou abraçar nosso destino e tentar aproveitá-lo ao máximo?

Os filósofos estoicos Crisipo e Zenão concordavam com uma analogia que deu origem a um dos provérbios mais famosos sobre aceitação: "Um cão amarrado a uma carroça deve segui-la porque não tem escolha, mesmo que ele não saiba para onde está se dirigindo ou por que está indo naquela direção. Embora o cão possa relutar em seguir naquela direção e tente se afastar, ele é impotente quanto à direção da carroça" (Hipólito, *Refutação de todas as heresias*, 1.21). A moral da história? "Deixe para lá ou você será arrastado."

Da mesma forma, estamos presos ao curso do destino e precisamos aceitar o que acontece conosco, mesmo quando não gostamos ou não entendemos. Isso nos permite focar no que está sob nosso controle. Se *amor fati* significa amar seu destino, então é necessário assumir uma perspectiva a longo prazo. Na próxima vez que sentirmos que o desespero está a ponto de nos engolir devido a circunstâncias infelizes, podemos nos lembrar do *amor fati*; nossa aceitação não é um destino final, mas concede permissão para um novo começo. Uma atitude de aceitação retira o poder dos acontecimentos e o devolve a nós, ajudando-nos a encontrar significado e propósito em situações difíceis. Em outras palavras, esse é outro meio de nos conhecermos.

ACEITAÇÃO RADICAL

Um dos ensinamentos fundamentais da DBT é o conceito de aceitação radical. Quando nos deparamos com uma situação que parece intolerável ou inaceitável, nossa resposta emocional pode ser atacar com raiva ou evitar a situação e nos sentir sem esperança. A aceitação radical é uma habilidade de tolerância ao estresse. A ideia é manter a situação de tal forma que o que fizermos a curto prazo não piore as coisas a longo prazo. Isso em geral significa forçar visceralmente nossa mente a aceitar a realidade como ela é. Não precisa ser sempre assim, mas temos primeiro de aceitar o que aconteceu se quisermos superar. Esse nível profundo de aceitação deliberada é chamado de "aceitação radical".

Em economia, a expressão "custo de oportunidade" significa que, se dissermos sim a uma coisa, diremos não a outra coisa. Portanto, cada escolha que fazemos tem o custo de uma oportunidade perdida. O tempo empregado em não aceitação tem o custo de oportunidade do tempo e da energia que você poderia ter empregado em algo realmente importante para você. Como disse Sêneca: "Enquanto esperamos pela vida, a vida passa" (*Sobre aproveitar o tempo*, Cartas, 1.1).

Quanto do meu tempo e energia são empregados em não aceitação?

Que oportunidades deixei passar porque não consegui abrir mão de algo?

Em que eu preferiria investir esse tempo e energia?

A realidade não espera que a aceitemos para que possa existir. Aceitação simplesmente significa que estamos operando segundo o princípio da realidade, não lutando contra ela. A cultura militar tem o mantra "Abrace a adversidade". A noção é que muitas vezes as coisas são desagradáveis, mas inevitáveis, especialmente para que ocorra progresso. Nessas situações, algumas vezes a coisa mais sábia que você pode fazer é abraçar a situação como realidade e tentar aproveitá-la ao máximo.

Podemos não gostar muito de uma situação e ainda assim aceitar que as coisas são como são. Imagine que tentamos puxar uma porta e ela não quer abrir. Depois que olhamos, percebemos que há uma placa na porta que diz "Empurre". Aceitação radical é reconhecer que o que estamos tentando fazer não vai funcionar. Em vez de tentar forçar a abertura da porta puxando-a, talvez até quebrando o seu batente, podemos empurrá-la e adotar a ação que está disponível para nós. Talvez esse seja um exemplo simples, mas na vida real geralmente a aceitação é mais necessária em situações difíceis.

Se estamos nos afogando em águas turbulentas e não sabemos nadar, a solução fundamental é aprender a nadar. No entanto, nesse momento não seria eficaz se alguém se colocasse na beira do rio e descrevesse como executar o nado de peito. O que precisamos imediatamente é de um dispositivo de flutuação. E, mais importante, nosso objetivo é passar pela situação sem torná-la pior. Talvez seja inevitável engolir um pouco de água, mas o objetivo é minimizar a quantidade e sobreviver. Quando chegarmos a um trecho mais calmo do rio, nossos objetivos poderão mudar a partir dali. Águas mais calmas seriam um lugar melhor para aprender a nadar. Se você já esteve em um rio, sabe muito bem que há uma transição constante de rapidez para calmaria. Nossos objetivos mudariam com o rio. A aceitação radical geralmente é uma boa abordagem para passar pelas circunstâncias da vida sem piorar ainda mais a situação.

O cérebro humano evoluiu para ser muito bom em resolução de problemas, talvez até bom demais. Como disse o famoso psicólogo Abraham Maslow, "Se a única ferramenta que você tem é um martelo, você tende a ver todos os problemas como um prego" (Maslow 1966, 15-16). O cérebro é tão bom em resolver problemas que ele pode ver cada situação como um problema a ser resolvido, mesmo que não possamos resolvê-lo. Assim, o cérebro é propenso a entrar no modo de resolução de problemas diante do que ele vê como um problema potencial. Por isso, aceitar radicalmente uma situação não é um evento isolado. Podemos aceitar o fato, redirecionando nossos esforços para o que está sob nosso controle, e nossa mente provavelmente retornará para aquele lugar padrão de não aceitação. Portanto, precisamos voltar a mente (e o coração) para a aceitação repetidas vezes. Como podemos fazer isso?

Uma técnica útil para facilitar a aceitação radical é recitar certos ditados estoicos. Por exemplo, quando se defrontar com algo perturbador que você não pode controlar, tente abandonar a luta contra o que é incontrolável dizendo: "Há coisas que não podemos controlar. Conte-me o desfecho. Elas não são nada para mim" (Epíteto, *Discursos*, 3.16). A forma como você diz isso em sua mente (ou em voz alta) é importante. Será preciso experimentar várias abordagens de recitação para entender o impacto de cada uma delas em você, pois as palavras têm uma capacidade limitada de transmitir nuances importantes.

ACEITANDO O QUE É DIFÍCIL ACEITAR

Um dos aspectos mais difíceis da habilidade de aceitação radical é que as questões em que mais precisamos dela geralmente são as mais difíceis e mais dolorosas de aceitar. Uma estratégia é tentar incorporar os princípios da terapia comportamental dialética. Dialética significa buscar uma perspectiva de uma situação com mais nuances, prestando atenção e sintetizando as verdades de ambos os lados de um paradoxo. Por exemplo, podemos estar em uma posição em que precisamos fazer melhor do que estamos fazendo, mas estamos fazendo o melhor que podemos. Isso cria um estado de tensão e paradoxo. Podemos tentar resolver esse paradoxo ao considerar os dois aspectos ao mesmo tempo e dizer: "Estou fazendo o melhor que posso e preciso fazer melhor". É claro que, se continuarmos fazendo o melhor que podemos, nosso melhor só ficará melhor. A liberdade para melhorar a situação é encontrada ao aceitar a realidade do que está acontecendo.

Como disse Tara Brach, autora de *Aceitação radical*, "O limite do que podemos aceitar é o limite da nossa liberdade" (Brach 2004, 44).

O psicólogo Hank Robb sugere uma estratégia em que as pessoas classificam os problemas com que estão lidando: elas avaliam se é sua culpa que o problema tenha acontecido e se é sua responsabilidade resolvê-lo. Um desafio comum é a situação em que alguma coisa não é nossa culpa, mas lidar com ela ainda é nossa responsabilidade. A verdade muito dolorosa é que a situação em que estamos pode ser muito injusta. Podemos estar sofrendo por algo que não escolhemos ou causamos, e frequentemente ninguém está vindo para nos resgatar. Aceitação radical é parar para perguntar a nós mesmos: "Quais são minhas opções?" e "O que vou fazer?", e depois tomar alguma medida.

Classifique alguns de seus problemas em categorias, considerando se são resultado de suas ações e se é sua responsabilidade resolvê-los. O objetivo não é atribuir culpa, mas definir o que focar e o que deixar de lado.

Não é minha culpa e não é minha responsabilidade resolver	Não é minha culpa e é minha responsabilidade resolver
É minha culpa e não é minha responsabilidade resolver	**É minha culpa e é minha responsabilidade resolver**

No que preciso focar meus esforços?

O que preciso deixar de lado?

Outra opção para a aceitação é considerar ambos os lados do dilema ao mesmo tempo. Podemos autovalidar por que faz sentido que estejamos perturbados e, *ao mesmo tempo*, focar na necessidade de aceitação. Por exemplo, talvez seja verdade dizer:

Esta situação não é minha culpa *e* ainda assim é minha responsabilidade resolver o problema.

É injusto que isso tenha acontecido *e* foi isso o que aconteceu.

Detesto isso completamente *e* isso é o que é.

Nada disso teria acontecido se as pessoas tivessem feito o que deveriam fazer *e* tenho que jogar com as cartas que me foram dadas.

Estou muito preocupado com como isso vai acabar *e* fiz tudo o que podia; agora está fora do meu controle.

Tente elaborar uma declaração em que você associa o motivo pelo qual é difícil aceitar a situação à realidade de que tem de aceitá-la. Usar a palavra "e" entre as duas declarações é uma maneira de honrar ambos os lados. Você pode encontrar uma cópia deste exercício para *download* na página do livro em loja.grupoa.com.br.

AMBOS SÃO VERDADE		
Por que isto é difícil de aceitar	**E**	**A realidade que tenho de aceitar**
Exemplo: O que eles fizeram estava errado.	e	Não posso mudar o que aconteceu.

Ao praticar a habilidade de aceitação, tenha cuidado com a armadilha da resignação. O objetivo não é viver uma vida de indiferença, mas aceitar radicalmente o que você não pode mudar para enfrentar as adversidades da vida e não piorar as coisas. Foque suas estratégias e esforços na construção de uma vida que seja cheia de significado e guiada por seus valores. Você terá muito mais tempo e energia para investir na construção de uma vida que vale a pena viver se puder deixar de lado e aceitar as coisas que não pode controlar.

Lições do Capítulo 5

- Quando suas expectativas aumentam até o nível das demandas, você pode exacerbar seu estresse, ser menos eficiente na resolução de problemas e distrair sua atenção de viver com vitalidade.

- As exigências envolvem insistir para que o mundo seja diferente do que ele é.

- *Amor fati* (abraçar o destino) envolve reconhecer que há um fluxo na vida, e prosperar significa focar no que vem a seguir.

- A aceitação radical é uma estratégia para lidar com coisas que estão além do seu controle.

- Aceitação não é resignação.

6

Tolerando o desconforto e diminuindo o sofrimento

Nosso sofrimento é criado mais em nossa mente e existe menos na realidade.
— Sêneca, *Sobre medos infundados*, 13.4

A forma mais fácil e eficaz de evitar situações estressantes é simplesmente evitá-las. Entretanto, a forma mais fácil e eficaz de vencer a ansiedade é sujeitar-se a essas mesmas situações estressantes. Quando substituímos o desconforto emocional pela breve liberdade de não senti-lo, não estamos mais no controle de nossa própria vida e, essencialmente, permitimos que o medo tome decisões por nós.

As melhores intenções nunca serão uma linha de defesa infalível contra acontecimentos estressantes ou mesmo trágicos que ocorrem conosco. Quando um infortúnio acontece, somos apresentados a uma escolha imediata: suportar seus efeitos duradouros em nosso bem-estar ou lidar com eles de modo saudável, usando nossa sabedoria para ver o panorama geral.

CATÃO, O JOVEM: EXPOR-SE AO ESTRESSE E FAZER A COISA CERTA

Na *República* de Platão, Sócrates afirma que o indivíduo verdadeiramente sábio entende que queixas excessivas ao defrontar-se com infortúnios não produzem nenhum benefício, pois "não há vantagem em levá-los a sério".

Baseado em princípios semelhantes, de autodisciplina e resiliência, Catão, o Jovem, um político e orador romano que foi muito influenciado pelos ensinamentos de Cleantes, vivia de forma simples, valorizava a integridade e colocou sua vida em risco em oposição à ascensão de Júlio César e seu regime ditatorial. Reconhecidamente, ele também se expôs de forma voluntária ao estresse em nome da autodisciplina e da busca da virtude. Plutarco, um biógrafo e platônico da época, registra que Catão usava um pesado elmo e uma armadura ainda mais pesada durante suas atividades cotidianas para desenvolver resistência e resiliência contra a dor. Ele também realizava longas marchas e exercícios por vontade própria usando seu equipamento quente e incômodo para, além do corpo, fortalecer sua mente.

Mas não era uma reputação que ele estava buscando com seus exercícios de estresse voluntário. Sua intenção era adotar e promover a perspectiva de que existe recompensa mais além da resistência ao estresse. Embora tenha provado isso muitas vezes em sua carreira, essa perspectiva nunca foi mais evidente do que quando ele foi instado a procurar um oráculo para prever o resultado da sua próxima batalha contra César. Catão descartou essa ideia porque, para ele, esse não era o ponto. Mesmo que fosse profetizado que perderia, ele não iria recuar, porque erguer-se contra a tirania era a coisa certa a fazer.

O legado de resistência de Catão não está baseado apenas em sua trajetória militar e política, mas também em seu compromisso inabalável com seus princípios e sua integridade. É por essa determinação inabalável, recusando-se a ceder ao sofrimento, que ele é mais lembrado hoje em dia. Sua vida e suas ações ecoaram profundamente entre os filósofos estoicos que vieram a seguir, como Sêneca, Epíteto e Marco Aurélio. Com frequência citado como um exemplo de virtudes estoicas, Catão usou suas ações para ilustrar o conceito estoico de viver de acordo com a natureza e a razão. Sua integridade moral, seu autocontrole e sua disposição para enfrentar os desafios se alinhavam com os ensinamentos estoicos sobre a importância de cultivar a virtude e responder às adversidades com sabedoria.

No final, os exércitos de César derrotaram os exércitos do Senado. O novo imperador ofereceu o perdão àqueles que se opuseram a ele, desde que reconhecessem sua autoridade. O compromisso de Catão com os princípios estoicos e sua adesão inabalável a seus valores ditavam que ele não poderia ser conivente com essa injustiça. Por isso, em vez de legitimar a regra ditatorial de Júlio César, ele preferiu a morte à tirania. Sua integridade fez dele uma figura proeminente na tradição estoica. Suas ações e seu caráter serviram como inspiração para filósofos posteriores e continuam a ser referenciados como um exemplo poderoso da ética e da virtude estoicas.

> A mão do destino está sobre nós, e o Céu
>
> exige severidade de todos os nossos pensamentos.
>
> Agora não é hora de falar de outra coisa,
>
> mas de correntes ou conquistas, liberdade ou morte.
>
> — Joseph Addison, *Catão, uma tragédia* (1713), ato II, cena 4

Antes da Revolução Americana, havia uma produção teatral conhecida como *Catão, uma tragédia*, que retratava os momentos finais de Catão, o Jovem. Essa narrativa da luta contra os tiranos foi bem recebida na época, e Catão se tornou um modelo para George Washington, que viu uma apresentação da peça em Valley Forge durante a guerra. Várias citações importantes da Revolução Americana foram supostamente derivadas dessa peça, incluindo "Dê-me a liberdade ou me dê a morte", de Patrick Henry, e "Só lamento ter apenas uma vida para perder pelo meu país", de Nathan Hale (ver Harper 2014). A coragem e a integridade de Catão ecoaram através dos tempos.

Por que devemos ser mais como Catão e ter como maior prioridade fazer a coisa certa, por mais penosa que seja? Porque, além do véu de medo e desconforto que costumam acompanhar a atitude de fazer o que é certo, encontra-se a libertação de estar preso aos caprichos do destino e às circunstâncias externas ditadas pelo mundo. Esperamos que, assim como os estoicos altamente respeitados, outros sigam nosso exemplo. Este capítulo foca em como aumentar sua capacidade de tolerar o desconforto para que você possa se concentrar em viver bem a longo prazo.

MUSÔNIO RUFO E A IMPORTÂNCIA DA PRÁTICA EXPERIENCIAL

Caio Musônio Rufo, um dos quatro grandes estoicos romanos, enfatizava a importância da prática comportamental na aprendizagem para viver estoicamente. Isso contrasta com a tentativa de aprender estoicismo puramente, ou principalmente, por meios intelectuais. Ele apresentou várias analogias para apoiar seu ponto de vista, incluindo a diferença entre a habilidade adquirida por um músico que está aprendendo a tocar seu instrumento por meio de um livro e a adquirida por muitas horas de prática. Essa prática de treinar tanto a mente quanto o corpo tem implicações diretas para a tolerância ao estresse. Uma ideia central do estoicismo é que na adversidade existe oportunidade para o crescimento. Se pudermos treinar para fazer deliberadamente coisas difíceis (mas não perigosas de verdade), seremos capazes de desenvolver nossos músculos de tolerância ao estresse.

Considere o exemplo de nadar em águas turbulentas. Embora não haja registros de que os antigos estoicos praticassem exposição a águas turbulentas, banhos de gelo e duchas frias, muitos estoicos dos tempos modernos adotam essa prática para construir resistência mental. Embora não seja um componente necessário da filosofia, vale mencionar que a exposição ao frio estimula a resposta natural do corpo ao estresse, o que leva à liberação de hormônios como adrenalina, noradrenalina e endorfinas. O mesmo acontece quando mergulhamos na piscina ou no mar. Inicialmente, é um choque e tanto, mas, quanto mais nos banhamos na água gelada, mais nos adaptamos. O mesmo vale para situações estressantes. Elas surgirão, mas, se estivermos dispostos a ficar na água, a sensação de choque inicial desaparecerá, possibilitando que nademos em vez de fugir.

Na cultura militar moderna, há um ditado: "Treine como luta e lute como treina". A sabedoria estoica sugere que, se quisermos ser capazes de tolerar o estresse que acompanha as realidades da vida, devemos praticar nossa exposição a esse estresse.

CONSTRUINDO TOLERÂNCIA AO ESTRESSE

A tolerância ao desconforto é mais bem aprendida por meio da prática repetida da exposição voluntária a ele. Nessa prática, a mentalidade é a chave. Se a abordarmos como uma oportunidade de treinar e construir força, ela será mais eficaz do que se a encararmos como uma dificuldade insuportável. Quanto mais variável o tipo de desconforto, mais abrangente é a aprendizagem. Pode ser útil organizar sua prática em categorias, envolvendo os domínios físico, emocional e cognitivo. Também é útil identificar práticas que podem se tornar parte da sua rotina diária ou semanal. Considere a adoção de alguns dos exercícios de tolerância ao desconforto listados a seguir.

Físicos

- Tome um banho frio.
- Às vezes, abra mão de uma comida favorita ou beba café preto sem açúcar.
- Comprometa-se em usar escadas em vez de elevadores.
- Estacione a algumas quadras de distância do seu destino, para que tenha de caminhar.
- Faça prancha abdominal e outras formas de exercício.
- Segure um pedaço de gelo.

Emocionais

- Assista a um filme que desperte uma emoção desconfortável.
- Leia uma notícia desconfortável.
- Tenha uma conversa importante, mas desconfortável.
- Pare o que estiver fazendo e sinta a emoção que está experimentando no momento.
- Lembre-se de algo que você quer muito, mas nunca poderá ter, e fique com essa lembrança por um período de tempo definido.

Cognitivos

- Engaje-se em uma atividade cognitivamente extenuante de que você não gosta (como um quebra-cabeça difícil).
- Aprenda algo relacionado a um assunto que não é fácil para você.
- Recupere uma lembrança que faça você sentir raiva ou tristeza. Depois, esforce-se para vê-la através das lentes da indiferença, com frases como: "Não posso mudar o passado e, por isso, não vou deixar que ele afete meu presente e futuro" ou "Que isso seja o que é, e não uma âncora para o meu desenvolvimento".
- Identifique aspectos em sua vida com os quais talvez esteja insatisfeito há muito tempo. Em vez de ser sobrecarregado por eles, encare essas ocorrências indesejadas, uma de cada vez, e as analise objetivamente. Ofereça a si mesmo o conselho que daria a um bom amigo sobre como abordar essas situações.

Esses são apenas exemplos. Você consegue identificar outras práticas? Em caso afirmativo, liste-as aqui:

Depois de ter identificado um ou mais exercícios, especifique a frequência com que vai praticá-los. Por exemplo:

- Tomar um banho frio uma vez por semana.
- Abrir mão de uma comida favorita por um mês.
- Escolher aleatoriamente um exercício prático para fazer toda semana.

A VISÃO AÉREA

Muitos de nós passam pela vida apreensivos sem se dar conta disso. De modo muito semelhante aos horrores da incerteza, boa parte de nossas aflições relacionadas a uma situação originam-se do seu efeito em nossa imaginação. No entanto, temos o poder de obter toda a clareza possível sobre uma situação, tornando-nos mais seguros de nós mesmos, se adotarmos uma perspectiva de "visão aérea".

A visão aérea (também conhecida como "distanciamento cognitivo") é uma técnica estoica de visualização para ajudar a nos distanciarmos um pouco da situação a fim de que possamos ver todas as suas facetas. Uma das muitas inspirações antigas para essa técnica é a mitologia dos deuses que residem no Monte

Olimpo. Daquele ponto de vista, eles podiam ver toda a humanidade. Do alto, metaforicamente falando, podemos ver tudo num contexto maior e, assim, obter uma "perspectiva mais elevada". Essa é uma perspectiva distanciada e objetiva, que nos permite ter uma compreensão mais abrangente e imparcial de uma situação. Os vieses podem ser perigosos porque podem levar a julgamentos injustos ou imprecisos quando tomamos decisões. Muitas vezes, tomamos esses atalhos mentais ou fazemos suposições baseados em nossas próprias experiências e crenças, o que influencia a maneira como percebemos e interpretamos as informações. Os vieses nos impedem de considerar todas as evidências disponíveis e podem nos levar a tomar decisões que não são benéficas. As decisões melhores, mais justas e mais seguras são as embasadas, e isso é o que a visão aérea pode assegurar.

Por exemplo, você foi abandonado pelo seu parceiro e demitido pelo seu empregador *ao mesmo tempo*! Bum. Fundo do poço. Com o ego (e o traseiro) machucado, como você espera se recuperar? Antes de tudo, não é possível ter uma perspectiva daqui de baixo. Você vê aquele pequeno carretel de corda, quase da largura do seu tornozelo? Sim. Por favor, tente subir nele. Esperamos que não tenha medo de altura...

SUBINDO!

Uau! Olhe como você está se saindo! Aposto que consegue ver todo tipo de coisa aí do alto, pairando bem acima desse poço de sentimentos. O que é isso? Você consegue ver a oportunidade de se reinventar? Uma tela em branco para que você não tenha de dizer "Se eu pudesse fazer tudo de novo...", porque é exatamente isso que você tem a chance de fazer agora? Há *liberdade* nisso, você diria? A mãe do meu parceiro era um pé *no que* mesmo?!

E aí está você, com a visão aérea. Não, não é todo aquele sangue que acabou de lhe subir à cabeça que vai lhe dar esse sentimento de leveza. Você escolheu bem a sua perspectiva, a perspectiva de uma pessoa sábia. Embora não estejamos aqui para montar armadilhas, na próxima vez em que estiver se sentindo impotente em uma situação, você pode subir na cesta cognitiva e voar naquele balão do cérebro muito acima dos estímulos externos do mundo abaixo de você!

Você pode desenhar sua própria versão da figura a seguir com lápis e papel para obter a visão aérea quando se sentir impotente. Naquele grão que é você, encontram-se seus sentimentos sobre a situação, as impressões iniciais, os pressupostos, etc. No círculo grande, fora de você, estão as outras pessoas presentes na situação, fatores que talvez você ainda não tenha considerado e outros elementos somente vistos no grande esquema das coisas.

Vamos usar o exemplo de um indivíduo que está preocupado com os impactos das mudanças climáticas na sua comunidade, como as emissões de dióxido de carbono que o uso de grandes quantidades de energia pode causar. Ele pode inicialmente se sentir desanimado pela dimensão do problema. Diante de problemas como poluição, desmatamento ou mudanças climáticas, é fácil sentir-se sobrecarregado e impotente. No entanto, ao dar um passo atrás e considerar o contexto maior em que essas questões estão ocorrendo, ele pode ver que esses desafios também são oportunidades para criar um futuro mais sustentável e equitativo (veja a figura a seguir).

Lembre-se de que o estoicismo nasceu de uma reviravolta da sorte. Precisamos lembrar também que a reversão da sorte foi primeiro uma escolha de perspectiva. Se Zenão tivesse desistido depois que perdeu tudo, ele não teria encontrado a sabedoria de Sócrates que inspirou sua escola de pensamento empoderadora, que tem sido tão útil para tantas pessoas há séculos. Você pode mudar o roteiro; está em seu poder fazer isso. Se você conseguir parar e fazer um inventário do grande esquema, deixará de se sentir impotente e passará a se sentir forte. É assim que você pode começar a assumir o controle do seu destino, da sua vida.

EXPLORANDO NOSSA AVERSÃO AO DESCONFORTO

O exemplo anterior é uma maneira de aplicar a visão aérea: ver oportunidade em uma situação ruim. No entanto, há inúmeras maneiras pelas quais a visão aérea pode beneficiar sua vida e seu bem-estar mental quando aplicada no cotidiano. Por exemplo, ela pode ajudá-lo a obter um distanciamento útil de pensamentos perturbadores para que você possa se desvencilhar deles e vê-los como são: apenas pensamentos.

Os estoicos analisaram como os pensamentos perturbadores acrescentam mais dor a uma situação estressante. Sêneca escreveu: "Como lamentar os problemas contribui para que eles pareçam mais significativos?" (*Cartas morais*, 78.13). De fato, dor e desconforto são uma parte intrínseca da vida, e um estoico sábio não se concentra em tentar evitar isso. Segundo a visão estoica das sensações indesejadas, lutar contra elas só as torna ainda piores. Por exemplo, se você sente dor emocional e fica abalado porque está infeliz, agora terá tanto a dor emocional quanto a preocupação relativa a ela. Então como podemos tolerar os sentimentos de angústia? Examine o exercício a seguir, desenvolvido pelo psicólogo Hank Robb (2022). Você pode encontrar uma cópia deste exercício para *download* na página do livro em loja.grupoa.com.br.

Ficando confortável com o desconforto

Identifique uma emoção que você está sentindo e que descreveria como desconfortável: _____

Em uma escala de 1 a 100, sendo 1 = sem estresse e 100 = o estresse mais intenso que você já sentiu, classifique seu desconforto: _____

A seguir, divida esse número em dois componentes:

- As sensações literais e reais que você sente.
- A reação "Não quero essas sensações!" que você tem em relação às sensações literais e reais.

Qual parte é maior? _____

Se a reação "Não quero essas sensações!" que você tem em relação às sensações literais e reais for maior, divida-a em:

- "Apenas não quero essas sensações."
- "NÃO DEVO ter essas sensações."

Qual parte é maior? _____

Tente se concentrar em seu desconforto enquanto diz a si mesmo o quanto ele é desagradável. O que acontece quando você diz a si mesmo que ele é insuportável ou que não consegue suportá-lo?

Tente se concentrar em seu desconforto enquanto diz a si mesmo o quanto ele é tolerável. O que acontece quando você diz a si mesmo que, embora ele seja desagradável, você consegue tolerá-lo?

O que você aprendeu com isso?

Os terapeutas cognitivo-comportamentais identificaram dois padrões cognitivos similares que tendem a exacerbar o sofrimento desnecessário: catastrofização e imaginação de cenários terríveis. Catastrofização significa prever resultados catastróficos, e imaginação de cenários terríveis significa ver as coisas piores do que elas são.

Evento ativador: o que aconteceu?

_____

_____

_____

Crença: que pensamentos, preocupações, imagens ou previsões estavam passando pela minha cabeça?

_____

_____

_____

Consequência: como isso fez eu me sentir? O que isso me fez fazer?

_____

_____

_____

Muitas vezes nossos pensamentos ansiosos tentam nos levar a acreditar neles usando catastrofização. Ela inclui prevermos exageradamente a probabilidade de que algo ruim aconteça e prevermos de forma negativa nossa habilidade de lidar com essa situação.

Descreva um acontecimento futuro em relação ao qual você está ansioso.

_____

_____

_____

Qual é o *pior* cenário possível?

Qual é o *melhor* cenário possível?

Qual é o cenário *mais* provável?

Muitas vezes temos crenças irracionais, como a imaginação de cenários terríveis. Elas criam sofrimento desnecessário, fazendo-nos acreditar que as coisas são piores do que realmente são. Isso costuma levar a respostas comportamentais ineficazes.

Se minha previsão acontecesse, ela seria realmente horrível/terrível/insuportável?

Consigo tentar dizer a mim mesmo que a situação pode ser ruim, mas não terrível ou intolerável?

_____

_____

Qual é minha nova perspectiva?

_____

_____

Como isso faz eu me sentir e o que isso me faz fazer?

_____

_____

Isso está alinhado com meus objetivos e valores a longo prazo?

_____

_____

Depois que o evento acontecer, responda a estas perguntas:

O que realmente aconteceu?

_____

_____

_____

O que eu aprendi?

_____

_____

_____

PREMEDITATIO MALORUM ("PREMEDITAÇÃO DOS MALES")

Donald Robertson (2019) disse, em seu *best-seller Pense como um imperador romano*, que o estoicismo consiste em ir de "E se?" para "E então?". *Premeditatio malorum* (ou "ensaio cognitivo") consiste em ensaiar mentalmente o evento antecipado e visualizar o pior cenário possível. Então, o que acontecerá se o pior cenário ocorrer? Esse ensaio ajuda a analisar o que esse cenário significa, como ele se parece, para ver o quanto realmente não tem importância a longo prazo. As pessoas que cedem à preocupação ansiosa fazem uma versão ineficaz disso; elas imaginam o que poderia acontecer e agonizam sobre o quão terrível ou intolerável o resultado seria. Um estoico imagina o que poderia acontecer e pratica conviver com isso com resiliência e indiferença estoica. Sim, coisas ruins podem acontecer, e não, isso não me destruirá. Esse é um aspecto importante da prática. Esse desconforto não dura muito, e é mais provável que você seja inoculado contra esse sentimento se continuar ensaiando esse momento repetidamente. É como uma viagem no tempo: você já terá *estado lá* e *feito isso* tantas vezes que reduzirá o impacto emocional. Como Sêneca disse: "Quanto mais você antecipar, menos perturbador o evento será quando chegar" (*Sobre o poder de cura da mente*, carta 78).

O *premeditatio malorum* foi considerado por alguns uma "visualização negativa", mas não é tão pessimista quanto parece. Na verdade, ele consiste em pegar o negativo e dessaturá-lo do seu efeito negativo. Assim, o *premeditatio malorum* nos ajuda a reivindicar a vitória sobre qualquer limite que o efeito emocional da adversidade tenha. Ele nos dá coragem para tomar decisões e fazer o que é do nosso interesse, considerando todos os aspectos. Como no boxe com um saco de areia, a pessoa sábia treina para a adversidade a fim de estar mentalmente preparada e, portanto, ser resiliente.

Sêneca mais uma vez apresenta um forte argumento para a premeditação da adversidade em sua carta a Lucílio (76.34-35):

Os tolos e aqueles que dependem da sorte percebem cada novo evento como um desafio inteiramente novo e inesperado. Para os inexperientes, boa parte da dificuldade que eles enfrentam provém da novidade da sua situação. No entanto, aqueles que são sábios se habituam às dificuldades iminentes contemplando-as por um longo período de tempo, reduzindo sua gravidade. A pessoa sábia reconhece que todas as coisas são possíveis e pode dizer com confiança: "Eu sabia", independentemente das circunstâncias que surgirem.

A frase "As coisas mais difíceis de tolerar são as mais doces de lembrar", de Sêneca, torna-se ainda mais verdadeira quando já nos preparamos para o pior e recebemos o melhor, ou mesmo o que não é tão ruim. Uma cópia deste exercício está disponível para *download* na página do livro em loja.grupoa.com.br.

Substituindo "E se?" por "E então?"

O que preciso fazer, mas tenho adiado porque temo o quanto pode ser desagradável?

Por que é importante fazer isso?

Quando penso em fazer isso, qual é a pior parte?

Estou mais incomodado com o quanto acho que será ruim ou porque acho que não serei capaz de tolerar bem?

_____

_____

Se o problema é que tenho medo do quanto a situação pode ser insuportável, posso praticar vê-la pela perspectiva da indiferença estoica?

_____

_____

Se o problema é que estou duvidando da minha capacidade de tolerar o desconforto, posso praticar encarar a situação ao mesmo tempo que me lembro da minha própria resiliência?

_____

_____

O que acontece quando digo a mim mesmo que isso pode ser desconfortável, mas não intolerável?

_____

_____

_____

MEMENTO MORI ("LEMBRA-TE DE QUE ÉS MORTAL")

Você pode morrer em breve. Deixe que o que você faz,
diz e pensa esteja baseado nessa noção.

— Marco Aurélio, *Meditações*, 2.11

Se lhe fossem dadas 24 horas de vida, o que você faria com elas? Você as passaria com as pessoas de que mais gosta? Você diria aos seus amigos, cônjuge e filhos o quanto os ama? Isso o motivaria a expressar o que sempre quis dizer sobre injustiças? Você até mesmo diria ao seu *crush* o que sente por ele? Se o amanhã não é garantido, então por que você não está vivendo sua vida assim agora?

A expressão latina *memento mori* significa "Lembra-te de que és mortal". Nenhum de nós vai deixar este mundo vivo. Não importa quanto dinheiro ou poder alguém possua, a verdade é que todos nós teremos o mesmo destino. Os estoicos acreditam que somos emprestados pela natureza e que, quando morrermos, retornaremos a ela. Ter isso em mente — o fato inegável de que todos iremos morrer algum dia, e de que hoje pode ser nosso último — evoca nosso melhor *self* amoroso e corajoso. Isso nos torna mais apreciadores do presente e de tudo o que está contido nele.

Se a ideia da morte provocar um sentimento de medo ou tristeza, lembre-se de que esse é apenas um sentimento. É um julgamento de valor que associamos à ideia de morte e que podemos mudar. Epíteto disse: "O que nos perturba não são os acontecimentos, mas nosso julgamento sobre eles... A morte, por exemplo, não é um acontecimento terrível... O terror que é evocado dentro de nós é evocado a partir da nossa noção de que a morte é terrível, não da morte propriamente" (*Enquirídio*, 5). Se pararmos de ver a morte como um ceifador de vidas iminente e a aceitarmos como o destino inevitável que ela é, retiraremos a força da sua morbidade. Nossa impermanência nos une, porque a morte inevitável é algo que todos temos em comum.

A noção de *memento mori* também nos ajuda a nos preparar para a perda daqueles que amamos. Por isso é útil valorizarmos nossas vidas, refletindo não só sobre nossa própria mortalidade, mas também sobre a mortalidade daqueles que amamos. Imaginar a morte de alguém com quem nos importamos parece mórbido, mas, novamente, estamos nos esforçando para retirar a "gravidade" do fim da vida. Existem outras escolas filosóficas e religiões que adotam a prática dessa reflexão, como o budismo. *Maranasati* é uma série de meditações budistas sobre a morte para cultivar a gratidão e acabar com o medo da morte. Marco Aurélio também refletiu sobre a mortalidade da sua família e os ensinamentos de Epíteto, escrevendo: "'Quando você beijar seu filho', disse Epíteto, cochiche para si mesmo: 'Amanhã você pode morrer'. Pode-se considerar isso um mau presságio, mas 'nenhuma palavra é um mau presságio', disse Epíteto, 'quando ela simplesmente comunica algo natural. Pois, se isso fosse verdade, colher espigas de milho também seria um mau presságio'" (*Meditações*, 11.34.1).

O que Epíteto propõe inicialmente não parece um conselho ideal para pais. No entanto, ele nos aconselha a reconhecer que não sabemos o que o amanhã reserva. Devemos amar nossos filhos todos os dias, como se fosse a última vez que os veremos. Essas são as condições sob as quais vivemos, pois a morte é simplesmente uma consequência da vida.

Muitas vezes, o reconhecimento de que a morte chegará para todos nós cria uma urgência de incluir o máximo possível de viagens e atividades na vida. O valor estoico da temperança defende que os prazeres simples são tão importantes quanto os itens da "Lista de coisas para fazer antes de morrer". O objetivo é estar mental e emocionalmente presente em sua vida e viver uma vida guiada por propósito e virtude. Desse modo, você não terá arrependimentos. A morte é um evento natural, e não temos controle sobre nossa mortalidade. Isso está em conformidade com a natureza. Se isso parecer pesado, considere a perspectiva do ceifador do filme *Bill & Ted, dois loucos no tempo*: "Você pode ser um rei ou um humilde varredor de rua, porém mais cedo ou mais tarde você dançará com o ceifador". Ninguém sairá vivo desta jornada.

O EXERCÍCIO DE DEIXAR PARA LÁ

Os estoicos e muitos outros filósofos e mentores espirituais defenderam o não apego, ou a ideia de deixar para lá as coisas que não podemos controlar ou mesmo salvar da morte. Isso pode nos ajudar a focar naquilo que podemos controlar e a encontrar paz e aceitação quando pensamos sobre a morte. Em grupos de recuperação em 12 passos, o conselho dado com frequência é "Deixe para lá e deixe Deus agir". O provérbio zen é "Deixe para lá ou você será arrastado". Há muita sabedoria em reconhecer que, sejam os deuses, a natureza, o universo ou as leis da física, há muita coisa fora do nosso controle, e tentar afirmar o controle sobre as forças do universo é um caminho para a infelicidade. Aprender a deixar para lá e deixar que os processos naturais sigam seu curso é o caminho para a serenidade. Paradoxalmente, as coisas que mais precisamos deixar para lá costumam ser as mais difíceis. Em geral, somos mais incomodados pelas coisas que não podemos controlar, mas que nos afetam diretamente. Por isso, deixar para lá é uma habilidade ativa, e para muitos de nós é algo que temos de fazer *muitas e muitas vezes*. A mente avançará naturalmente para tentar resolver (e se angustiar com) problemas insolúveis. Precisamos aprender a voltar a mente repetidas vezes para aquilo sobre o que *realmente* temos controle.

Podemos aplicar essa estratégia de deixar para lá ao princípio do *memento mori*. Para fazer este exercício, pense em uma pessoa amada. Depois, lembre-se de que tanto ela quanto você acabarão mudando ou morrendo, pois assim é a natureza. Lembre-se de que você não tem controle sobre isso, e de que tentar controlar só lhe causará sofrimento. Em vez disso, concentre-se nas coisas que você pode controlar. Se você pratica o desapego às pessoas e aceita que todos estamos aqui por um tempo limitado, isso lhe permite focar em encontrar paz no momento presente e apreciá-lo. Sim, é natural lamentar quando chega a hora, mas ter praticado o desapego lhe ajudará a sentir mais gratidão do que tristeza quando lamentar uma perda. Com o tempo, esse exercício o ajudará a lembrar da impermanência de todas as coisas e a deixar para lá aquilo que lhe causa sofrimento. A monja budista Pema Chödrön costuma ser creditada pela citação "Você é o céu. Todo o resto é apenas o clima", que transmite com elegância o conceito de desapegar dos aspectos incontroláveis da vida que nos causam sofrimento.

Lições do Capítulo 6

- A visão aérea é uma técnica estoica para inserir espaço mental entre você e suas circunstâncias, com o objetivo de obter um ponto de vista mais eficaz a partir do qual abordar seus problemas.

- Ser intolerante ao estresse causa estresse extra.

- Você pode piorar uma situação ao ficar estressado com seu estresse. Por exemplo, você pode ficar deprimido por estar deprimido. Isso é semelhante a jogar gasolina numa fogueira. A saída é aumentar sua tolerância ao desconforto.

- Embora seja contraintuitivo, resiliência e sabedoria são geralmente obtidas ao se aproximar das coisas que você deseja evitar.

- O *premeditatio malorum* é uma prática estoica para o enfrentamento antecipado. Ele envolve ensaiar mentalmente uma situação e imaginar o pior resultado possível. Isso é diferente de engajar-se em preocupação improdutiva, que geralmente se concentra no enfrentamento ineficaz. Em vez disso, essa prática envolve imaginar respostas mais eficazes.

- Todos nós somos finitos. Quando essa noção é evidente, sua perspectiva sobre muitas coisas é alterada, e geralmente fica mais claro o que importa de verdade e como viver no momento presente.

7

Do criticismo à compaixão:
a prática de não julgar

Antes de julgar outra pessoa, pergunte-se: qual das minhas próprias imperfeições se parece com a que estou a ponto de criticar?
— Marco Aurélio, *Meditações*, 10.30

Crisipo, o terceiro líder da escola de filosofia estoica, descreve em seu livro *Das paixões* (também traduzido como *Das emoções* ou *Dos afetos*) como nossos julgamentos ditam nossas reações emocionais. Julgamentos errôneos podem causar reações emocionais descontroladas, e uma de suas estratégias era lidar preventivamente com essas emoções por meio da razão.

É importante compreender a visão estoica da emoção. Há a emoção que você sente (felicidade, tristeza, raiva) e há a forma como você se sente em relação a alguma coisa ("Sinto que não consigo fazer nada direito" ou "Sinto que nada do que eu faço jamais será bom o suficiente"). Quando os antigos filósofos estoicos dizem que você pode controlar o modo como se sente, eles estão falando sobre esse último aspecto, que está ancorado na sua interpretação da situação. A forma como você se sente acerca de uma situação, ou seus julgamentos, também afeta a maneira como essa situação faz com que você se sinta (emoção), o que, por sua vez, afeta seu comportamento. Assim, tornar-se menos crítico é um caminho para a serenidade.

Quando Epíteto disse "O que perturba as pessoas não são as coisas em si, mas seus julgamentos sobre essas coisas", sua intenção era dizer que nossos julgamentos podem ser fonte de sofrimento indevido. Isso pode ser estendido às nossas interações com outras pessoas ou até com nós mesmos. Embora o próprio Epíteto tivesse uma devoção rigorosa ao estoicismo, isso não significa que ele praticava um estoicismo severo. Na verdade, ele reconhecia a sabedoria da compaixão. Isso é ilustrado pela sua abordagem das duas alavancas (*Enquirídio*, 34):

> Cada situação oferece duas alavancas: uma que pode erguer e outra que não pode. Quando seu irmão lhe fizer mal, não utilize a alavanca da sua transgressão, pois ela não é capaz de erguer. Em vez disso, use a alavanca que faz você lembrar que ele é seu irmão e que vocês partilham um laço. Essa é a alavanca que eleva.

O foco deste capítulo é a mudança no uso da alavanca julgadora, que não eleva. Em contraponto, vamos aprender a ser mais compassivos para que possamos ser mais efetivos. Essa abordagem se concentra em fazer o que funciona. O estoico sábio também pode aplicar essa abordagem das duas alavancas a si mesmo. O autocriticismo e a severidade costumam ser a alavanca que não vai elevar, mas a autocompaixão é capaz de nos erguer e nos carregar enquanto nos esforçamos para mudar nosso comportamento e sermos melhores.

O que aprendemos sobre a relação que devemos ter com nós mesmos a partir da leitura dos textos dos estoicos antigos? Embora a presunção e a egomania sejam incompatíveis com o estoicismo, a autoflagelação também é. As *Meditações* de Marco Aurélio são, de certa forma, seu diário, por isso nessa obra podemos aprender mais sobre a relação que ele teve consigo mesmo. Embora o livro esteja repleto de autocríticas, todas elas são de natureza construtiva. Aurélio está dizendo a si mesmo que ele precisa se sair melhor, e está fazendo isso com temperança e indiferença. Ele não está se derrubando, mas se erguendo. Ryan Holiday, em *O ego é seu inimigo*, diz isto: "Enquanto isso, o amor está bem aqui. Sem egoísmo, aberto, positivo, vulnerável, pacífico e produtivo" (Holiday 2016, 207).

É pragmático reconhecer que a falibilidade faz parte do ser humano. Como Epíteto nos lembra: "Não desistimos dos nossos objetivos porque duvidamos da nossa habilidade de aperfeiçoá-los e dominá-los" (*Discursos*, 1.2.37b). Embora os estoicos se esforcem para imitar o sábio, reconhecemos que isso é inatingível. Marco Aurélio também escreveu sobre tentar melhorar uma situação: "Inicie a ação, se tiver a habilidade, sem se preocupar se alguém vai notar. Não antecipe um grande resultado como a *República* de Platão; em vez disso, encontre satisfação até mesmo no mais ínfimo dos sucessos e reconheça a sua importância" (*Meditações*, 9.29).

Na psicologia do desenvolvimento, há o conceito de estilos parentais diferentes. Com frequência, as pessoas apresentam uma falsa dicotomia entre a parentalidade permissiva (calorosa, mas frouxa) e a parentalidade autoritária (rigorosa, mas severa); na realidade, existe um terceiro estilo: a parentalidade autoritativa (estimulante, mas firme), que tende a estar associada aos melhores resultados. A sabedoria estoica sugere que essa abordagem acolhedora porém disciplinada é necessária para um relacionamento com nós mesmos.

A COMPAIXÃO É JUSTA?

No final do século XX, o movimento pela autoestima se tornou proeminente nas áreas de desenvolvimento infantil e psicologia popular. Uma ideia central desses proponentes era que você poderia superar os sentimentos de inferioridade ao prestar atenção às suas qualidades positivas, e que o aumento da sua autoestima estaria associado a uma gama de resultados positivos. Houve várias críticas ao foco no desenvolvimento da autoestima, as quais foram bem articuladas pelo psicólogo Albert Ellis, que escreveu: "Se você se elevar ou se difamar devido aos seus desempenhos, tenderá a ser autocentrado em vez de centrado no problema, e esses desempenhos, consequentemente, tenderão a ser prejudicados" (Ellis 2005, 53). Ellis, conhecido por uma maneira direta de falar, continuou: "A autoestima é a maior doença conhecida no homem ou na mulher porque é condicional". De fato, investigações científicas não conseguiram revelar muitos dos resultados positivos presumidos decorrentes de auxiliar os indivíduos a melhorarem sua autoestima.

A autocompaixão substituiu a autoestima como o foco de ajuda dos profissionais, porque produz resultados mais favoráveis. As principais ideias de autocompaixão podem ser vistas pelas lentes do estoicismo. O estoico moderno e terapeuta cognitivo-comportamental Donald Robertson (2010) explicou que a virtude da justiça pode ser dividida em dois componentes: justiça imparcial e bondade benevolente. Portanto, ter justiça com nós mesmos envolve sermos justos e bondosos conosco. Embora alguns possam considerar que os estoicos têm uma relação rígida e exigente consigo mesmos, isso é um mito e está associado ao estoicismo com "e" minúsculo. Uma vida estoica não inclui ser cruel ou desrespeitoso consigo mesmo.

Algumas pessoas têm a preocupação de que a autocompaixão gere complacência, acreditando na ideia de que precisamos nos dar um "pontapé no traseiro" para seguir em frente. Embora essa estratégia possa funcionar a curto prazo, eventualmente deixa de funcionar e é um caminho para ser um perfeccionista exausto. A sabedoria requer que façamos o que funciona melhor a longo prazo: ter compaixão por nós mesmos e pelos outros. A compaixão ajuda a melhorar o desempenho porque nos dá permissão para sermos humanos. Toda a energia que seria gasta em nos recriminarmos pode agora ser empregada em fazer coisas com as quais realmente nos importamos. A autocompaixão nos ajuda a realizar ações que estão em consonância com nossos valores.

JUSTIÇA IMPARCIAL CONSIGO MESMO E COM OS OUTROS

Os psicólogos sociais identificaram falácias cognitivas que levam a julgamentos tendenciosos, como o erro de atribuição fundamental ou o viés do ator--observador. Embora existam várias iterações, o tema que perpassa todas elas é que nós, como humanos, temos uma tendência a generalizar excessivamente e rotular uma pessoa baseados em dados insuficientes. Embora o comportamento de uma pessoa seja muito influenciado por fatores contextuais, criamos histórias sobre como ele representa a totalidade daquela pessoa. Esse pensamento extremo tende a criar respostas emocionais extremas, o que, por sua vez, gera respostas comportamentais extremas. Se quisermos viver uma vida guiada por justiça e temperança, precisamos aprender a ter uma visão mais matizada de nós mesmos e dos outros.

Pode ser útil pensar no que é conhecido em psicologia como a *distinção entre estado e traço*. Uma pessoa pode ter um humor deprimido (estado), mas isso não significa necessariamente que ela é sempre deprimida (traço). Classificar as pessoas é uma distorção cognitiva comum; envolve rotular alguém com uma descrição excessivamente generalizada da sua personalidade. Duas estratégias principais são usadas para escapar dessa armadilha. A primeira é julgar o comportamento da pessoa em vez da pessoa. Podemos cometer um erro, mas isso não nos *torna* um erro. Uma pessoa pode se comportar sem consideração, embora isso não signifique que ela não tenha consideração de modo geral. Julgar os comportamentos em uma interação nos ajuda a focar em melhorar a situação.

A outra principal estratégia da TCC dá um passo além: envolve tentar adotar uma atitude geral de não julgamento. Por essa perspectiva, nos concentramos nos fatos da situação em vez de em nossos julgamentos sobre a pessoa baseados em nossa interpretação de um acontecimento. Uma cópia deste exercício está disponível para *download* na página do livro em loja.grupoa.com.br.

Repensando os julgamentos

Qual é o julgamento que estou tendo sobre mim mesmo ou sobre outra pessoa?

Em que experiências esse julgamento está baseado?

Essas experiências e julgamentos representam a totalidade de quem a pessoa é na vida?

Que informações não conheço sobre essa pessoa?

As expectativas que tenho em relação a essa pessoa são razoáveis?

Há elementos da vida ou da história da pessoa que ajudam a explicar por que ela é como é?

É possível que eu esteja generalizando excessivamente a partir de alguns poucos exemplos para criar uma história globalizada sobre essa pessoa?

Quais são os fatos associados à situação?

Que efeito esses julgamentos têm no modo como eu trato essa pessoa?

Baseado em meus valores, como quero tratar essa pessoa e como eu precisaria vê-la para facilitar esse comportamento?

Há uma maneira mais neutra de reafirmar meu julgamento?

O questionamento de nossos julgamentos e o engajamento em conversas compassivas podem levar a maior compreensão e harmonia, tanto com os outros quanto internamente. Esse processo tem o potencial de produzir transformações profundas. Por exemplo, dois colegas podem ter uma discussão acalorada, aferrando-se aos mesmos vieses que conduziram à discordância, o que não leva a lugar algum. No entanto, se eles se envolverem em uma conversa compassiva com a intenção de entender a perspectiva do outro, poderão transformar sua discordância em uma solução colaborativa que pode, de fato, ter alguma utilidade.

Ao questionarmos nossos julgamentos autocríticos, podemos cultivar a autocompaixão e melhorar nosso senso de autoestima, o que conduz a uma relação mais positiva e saudável com nós mesmos e possibilita que nos esforcemos para promover uma mudança duradoura tanto em nós quanto na sociedade. Em outras palavras, estaremos motivados, querendo o melhor para nós e para toda a humanidade. Isso transforma o ato de levantar da cama e enfrentar o dia, que passa de uma tarefa temida para uma empreitada esperançosa e muito aguardada.

1. Liste o rótulo que você tem para si mesmo (p. ex., inútil, estúpido, incompetente). Você pode listar mais de um, mas siga os próximos passos com um rótulo de cada vez.

2. Escreva seu melhor argumento para explicar por que você acha que seu rótulo é verdadeiro. Não se contenha. Seja o mais minucioso possível e use folhas adicionais de papel se necessário.

3. Leia seu argumento detalhado e considere o seguinte:
   - Se você listou exemplos específicos de quando sente que se comportou de forma "inútil", "estúpida", "incompetente", etc., reflita: você *sempre* se comporta dessa maneira? Por definição, se você se caracteriza como "estúpido", por exemplo, então 100% do seu comportamento é estúpido.
   - Seu rótulo é válido para cada faceta da sua vida? Ou limita-se a determinadas áreas?
   - Você levou em conta fatores fora do seu controle que podem ter contribuído para as circunstâncias que você vê como evidências para o rótulo? Pode ser útil revisar as seções sobre a dicotomia do controle no Capítulo 2.

- Não seria melhor ter nuances na sua visão, com frases como: "Fiz algumas coisas de forma inadequada, mas não tudo ou a maioria das coisas" ou "Tenho algumas falhas pessoais que preferiria não ter, mas não tenho falhas em todos os aspectos da minha vida"?

- É possível que você esteja tratando a si mesmo de forma diferente de como trata os outros? Por exemplo, você também caracteriza como "inúteis" outras pessoas que fazem algumas coisas bem e algumas coisas não tão bem?

- Você tende a notar com relativa facilidade aspectos que sugerem que seu rótulo é verdadeiro? Você nota com a mesma facilidade aspectos que sugerem que o rótulo pode não ser verdadeiro?

4. Depois de ter examinado sua história sobre por que você acha que seu rótulo é verdadeiro, o que você pode concluir *razoavelmente*?

DISTINGUINDO OPINIÕES DE FATOS

É importante distinguir percepções subjetivas de fatos objetivos. É muito fácil para os humanos entenderem a diferença intelectualmente, mas eles podem confundir as duas noções no dia a dia. Dizemos de forma arrogante coisas como "Este filme foi horrível" ou "Este sofá é nojento". Em ambos os casos, pode parecer que estamos dizendo algo objetivo sobre o filme e o sofá, mas "horrível" e "nojento" não são características factuais do filme e do sofá; esses adjetivos representam nossas opiniões em relação a eles. Isso é mais fácil de ver se aplicamos o teste do "grupo". Se um grupo de pessoas assistisse ao mesmo filme, é certo que todas concordariam que o filme é horrível? Embora seja possível que elas compartilhem a mesma opinião sobre o filme, isso não é garantido. Por outro lado, o mesmo grupo de pessoas concordaria que o que estão assistindo é um filme? Haveria um consenso, porque esse é um fato observável.

Você avalia a si mesmo ou aos outros de forma negativa? Por exemplo, você se julga pouco atraente, estúpido, inútil ou algo semelhante? Se assim for, esses julgamentos são opiniões ou fatos objetivos? Se um grupo de pessoas olhasse para você, todas elas concordariam que você é pouco atraente, estúpido ou inútil? Pode parecer que esses rótulos descrevam sua essência, mas eles são semelhantes a avaliar um filme como horrível.

Este é outro exemplo. Quando compramos um carro, temos muitas decisões a tomar, incluindo a marca e o modelo. Para restringir nossas opções, podemos considerar aspectos como consumo de combustível, espaço interno e resistência em caso de acidente. Embora preferíssemos que ele fosse potente em todas as dimensões, geralmente precisamos aceitar as compensações. Por exemplo, um carro bom em termos de consumo pode ser um carro menor e mais leve, o que o deixa mais suscetível a ficar destruído em um acidente. Por outro lado, um carro com um exterior robusto pode consumir muito combustível. Esse é apenas um exemplo que leva em conta duas características. Imagine que haja compensações em várias características — algumas são fantásticas, outras não são tanto quanto gostaríamos, mas são aceitáveis, e algumas poderíamos avaliar como péssimas. Agora, como você caracterizaria o carro? Fantástico, neutro ou péssimo? Nenhuma dessas caracterizações seria precisa, porque sua avaliação das dimensões individuais varia. Assim também é conosco e com as outras pessoas. Os seres humanos têm pontos fortes e pontos fracos. Portanto, não é acurado aplicar um rótulo global.

A BASE PARA A COMPREENSÃO COMPASSIVA

Nossa biologia limita nossas opções e molda nossas experiências. Periodicamente, ficaremos doentes, e a frequência disso é em parte determinada pelo corpo em que nascemos. Nosso temperamento determina nosso limiar para vivenciar recompensas e ameaças, podendo ser muito baixo ou muito alto, e impacta diretamente nossa vida emocional. Paul Gilbert (2009), desenvolvedor da terapia focada na compaixão, enfatiza o *design* inadequado do nosso cérebro e a disparidade entre o ambiente que configurou esse órgão e nosso ambiente atual. A evolução essencialmente desenvolveu estruturas cerebrais mais novas sobre as antigas (um pouco como um jogo Jenga), e para um ambiente que continha uma abundância de ameaças físicas. É improvável que os cientistas tivessem concebido nossos cérebros como eles são se tivessem tido a oportunidade. Felizmente, a vida moderna não contém os perigos físicos do passado.

Nossa vida é finita, e o percurso é mais curto do que imaginamos. Embora nenhum de nós possa saber quando morrerá, a média da vida humana é de 28.835

dias. Se você tiver 40 anos, já viveu 14.610 desses dias. E não há garantias de que chegaremos aos 28 mil. A duração da vida não é um recurso renovável. Você não teve participação na definição de sua biologia e suas circunstâncias de vida, nem do tempo de duração da sua vida. Em conjunto, esses fatos apoiam a conclusão de muitos filósofos e religiões pelo mundo: a vida é difícil. Mostre a si mesmo e aos outros alguma compaixão pelos dilemas humanos.

CULTIVANDO COMPAIXÃO POR SI MESMO

Agora que você tem uma compreensão da compaixão pelos outros, estenda a compaixão para si mesmo com a visualização a seguir. Encontre um ambiente tranquilo em que não seja interrompido por pelo menos 15 minutos. Coloque-se em uma posição confortável e feche os olhos.

Traga à mente uma situação estressante em que você tenha se julgado com severidade. Por exemplo, pense em uma circunstância em que você se considerou burro, inferior, inútil, vergonhoso ou algo do gênero. Traga à tona a totalidade da experiência. Observe qualquer sensação física que faça parte dessa experiência. Observe todos os sentimentos presentes. Tente senti-los profundamente. Não tenha pressa. Agora note os pensamentos que participam dessa experiência. Procure vivenciar sensações, emoções e pensamentos como se estivesse no auge da sua luta contra eles em vez de apenas recordá-los.

Depois que essa experiência estiver totalmente presente para você, trabalhe para adotar uma postura compassiva consigo mesmo e com as sensações, emoções e pensamentos. Lembre-se gentilmente de que você não projetou o cérebro que está produzindo essas experiências. Lembre-se de que você não orquestrou totalmente suas experiências de vida e não teve voz ativa quanto às circunstâncias de vida em que nasceu. Use essa consciência para responder de forma calma e justa a qualquer autocrítica ou julgamento que surgir. Observe seus julgamentos e rótulos indo e vindo enquanto trabalha para aumentar sua postura compassiva em relação a eles.

Depois disso, traga à mente uma pessoa por quem você tem compaixão. Veja essa pessoa com os olhos da sua mente como se ela estivesse na sua presença. Permita que seus pensamentos e emoções compassivos em relação a ela fluam para a sua consciência. Permita-se ser consumido pela compaixão.

Agora, mais uma vez, traga à mente a experiência estressante, permitindo-se vivenciar as sensações físicas, as emoções e os pensamentos envolvidos. Depois que essa experiência estiver presente para você, amplie sua consciência para incluir os sentimentos compassivos que você trouxe à tona alguns momentos atrás. Amplie o alcance dessa compaixão até que ela capture a pessoa que sua mente está julgando e criticando.

O reconhecimento de que nossos julgamentos geralmente são avaliações subjetivas em vez de fatos objetivos nos ajuda a tratar os outros, e também a nós mesmos, com compaixão e empatia. Nossa capacidade de cultivar e aplicar autocompaixão redireciona nossa energia para ações alinhadas com nossos valores. Esse é um grande alicerce para a construção de uma vida satisfatória.

Lições do Capítulo 7

- A ciência moderna diz que a busca da autoestima é ineficaz e algumas vezes prejudicial, e que o cultivo da autocompaixão é um componente básico mais eficaz para a vida que você deseja.

- A avaliação de uma pessoa ocorre quando você generaliza excessivamente — sobre si mesmo ou os outros — a partir de pequenos exemplos de comportamento para caracterizar a essência geral de alguém.

- As pessoas facilmente fundem suas percepções subjetivas com fatos objetivos sobre o mundo. Essa tendência as leva a uma avaliação ineficaz dos outros e as afasta de uma resposta compassiva.

- A descrição intencional e objetiva de acontecimentos observáveis é um meio de romper a tendência humana de responder às percepções como se elas fossem fatos.

- A condição humana é repleta de desafios e requer uma postura compassiva consigo mesmo e com os outros.

8
Habilidades interpessoais estoicas

Lembre-se sempre de que sua missão é ser um ser humano virtuoso, mantendo-se em sintonia com as expectativas da natureza. Aja sem demora, expressando sua verdade com sinceridade, mas também com bondade, humildade e um compromisso com a autenticidade desprovido de qualquer hipocrisia.
— Marco Aurélio, *Meditações*, 8.5

Em seu *best-seller A vida dos estoicos*, Ryan Holiday e Stephen Hanselman (2020) fazem uma comparação fascinante entre os imperadores Marco Aurélio e Nero. Embora ambos tenham sido ensinados e influenciados por mentores estoicos, eles se tornaram líderes totalmente diferentes. Marco Aurélio foi acompanhado de perto por Júnio Rústico, que foi muito influenciado pelos ensinamentos de Epíteto, seu antecessor. Enquanto ensinava Aurélio, Rústico encontrou um meio-termo entre ser muito passivo e muito assertivo. Aurélio ficou conhecido como o imperador filósofo, conduzindo Roma com resiliência em meio à guerra e à peste.

Nero, por outro lado, era um imperador implacável e tirano. Ele foi aconselhado por Sêneca, o Jovem, um dos filósofos estoicos mais notáveis, tendo escrito *Epistulae Morales ad Lucilium* ("Cartas morais a Lucílio"), obra que consiste em 124 cartas. Ele escreveu: "Nosso sofrimento é criado mais em nossa mente e existe menos na realidade", uma ideia essencial que ajuda a encapsular a essência da filosofia estoica. Ao contrário de Rústico, Sêneca tornou-se uma figura paradoxal, defendendo a importância de ter uma existência estoica modesta ao mesmo tempo que desfrutava uma vida de opulência e conforto. Ele também foi um conselheiro mais passivo, ao contrário de Sócrates, que tinha uma abordagem autoritária e implacável. Sócrates era famoso por abordar as pessoas e forçar diálogos, ganhando o apelido de "Mutuca", pois parecia estar sempre zumbindo nos ouvidos das pessoas. Tanto Sócrates quanto Sêneca, o Jovem, acabaram sentenciados à morte — Sêneca por ordem de seu próprio pupilo, Nero.

O que podemos extrair das diferentes abordagens de Rústico, Sêneca e Sócrates? A lição é que precisamos adaptar e aplicar a sabedoria de uma maneira ponderada e prática. Se ser passivo demais ou agressivo demais não for eficiente, Holiday sugere uma via intermediária, e destaca como Rústico encontrou um equilíbrio entre instrução e correção. Ser sábio apenas não é suficiente. Também precisamos ter tato na maneira como partilhamos nossa sabedoria. Conceitos modernos como comunicação assertiva, limites saudáveis e eficácia interpessoal se associam a essa ideia, e este capítulo foca em como abordar esses esforços segundo uma perspectiva estoica.

INTERCONEXÃO ESTOICA

Existe uma falsa concepção de que o estoicismo estimula o hiperindividualismo, em que a pessoa se considera acima da sociedade e ignora a noção de que deve agir de acordo com o bem comum. Esse não é o caso. Na verdade, a tendência natural dos seres vivos, especialmente dos humanos, de se cuidarem e se identificarem consigo mesmos, e de depois estender esse cuidado e identificação a outras coisas, incluindo outras pessoas, animais e mesmo aspectos do mundo natural, é outra pedra angular do estoicismo. Os antigos estoicos referiam-se a essa ideia como *oikeiôsis*, "apropriação" ou "afinidade". Eles acreditavam que a adoção da *oikeiôsis* nos ajuda a cultivar empatia e compaixão com facilidade. Marco Aurélio fez muitas referências à importância de trabalhar para o bem comum em *Meditações*. Sua filosofia reconheceu a interconexão de todos nós quando ele disse: "O que é prejudicial para a colmeia também prejudica a abelha" (*Meditações*, 6.54). Ele acreditava que trabalhar as virtudes estoicas para o benefício de todos era o objetivo da justiça: "A vida é breve — seus frutos consistem em um caráter virtuoso e em ações que favorecem o bem maior" (*Meditações*, 6.30).

A forma de investigação de Sócrates, conhecida como "método socrático", nasceu da noção de que devemos nos esforçar para entender nossos semelhantes, pois todos fazemos parte do coletivo. Em uma sociedade fixada unicamente no trabalho árduo e em riquezas como objetivo último — o que o hiperindividualismo promove —, Sócrates acreditava que sua missão divina era observar seus concidadãos e convencê-los de que o bem máximo para uma pessoa era o bem-estar do espírito.

Outro filósofo estoico, Hiérocles, apresentou uma série de círculos concêntricos para ilustrar a *oikeiôsis* e a interconexão da humanidade (veja a figura a seguir). O círculo mais interno representa o indivíduo; o círculo seguinte representa a família imediata e os amigos; o terceiro círculo é a família estendida e a comunidade local; o quarto círculo é a comunidade regional; e o círculo mais externo é a humanidade. Assim, todos nós estamos conectados uns aos outros. O modelo de Hiérocles defende que devemos nos esforçar para fortalecer nossa interconexão tratando melhor uns aos outros. Especificamente, ele recomendou que tratemos as pessoas um pouco melhor do que elas merecem.

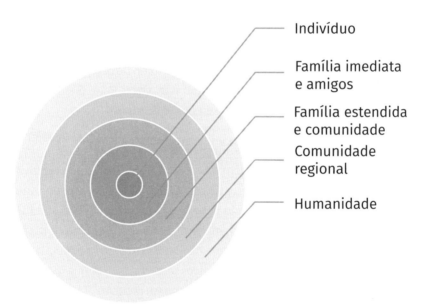

O valor estoico da justiça sustenta que devemos nos preocupar com o bem-estar dos nossos semelhantes. Isso está bem resumido nas palavras imortais do clássico filme *Bill & Ted: uma aventura fantástica*, em que eles nos aconselham a "sermos excelentes uns com os outros". A regra de ouro de tratarmos os outros como queremos ser tratados é um ideal universal. Viver uma vida estoica significa tratar os outros de acordo com as virtudes de sabedoria, justiça, coragem e temperança.

INTOLERÂNCIA AO COMPORTAMENTO: A FRUSTRAÇÃO DECORRENTE DE AGIR FORA DOS CÍRCULOS DE INTERCONEXÃO

Sócrates se envolveu em muitas discussões filosóficas famosas. As conversas com Polo, um aluno jovem e ambicioso do sofista Górgias, estão entre elas. Górgias ensinava retórica, a arte da fala persuasiva, e por isso Polo defendia que ser um retórico era algo a que todos deveriam almejar, pois eles são admirados e possuem muito poder — o que é um objetivo de vida nobre.

Sócrates, no entanto, se opôs a essa visão e questionou se isso era algum tipo de "poder". Polo sugeriu que o poder envolve persuadir os indivíduos a tomarem atitudes que eles não escolheriam naturalmente. Porém, isso cria uma lacuna entre o retórico e a pessoa comum, uma lacuna que coloca o retórico em posição de poder. Mas Sócrates acreditava que o verdadeiro poder reside na capacidade de manter o controle e o equilíbrio sobre seu eu interior. Isso envolve praticar autodisciplina, viver uma vida virtuosa e atingir um estado de satisfação em que você não depende de fatores externos. Isso irritou e frustrou Polo, que ironicamente não conseguiu coagir Sócrates a adotar seu ponto de vista.

Na TCC moderna, uma situação comum costuma ser usada para ilustrar a conexão entre como percebemos uma situação e como reagimos. Imagine um cenário em que estamos dirigindo e alguém nos corta a frente, dirigindo erraticamente. Devemos nos perguntar qual seria nossa reação. Agora, se imaginarmos que talvez esse indivíduo esteja apressado para levar um familiar ao hospital, nossa resposta poderá ser compassiva. Se lembrarmos que não sabemos a razão para o motorista nos cortar, isso nos ajudará a não encararmos a ação dele como algo pessoal e a não ficarmos irritados. Os estoicos poderiam dizer que não importa a razão do outro motorista, pois isso está fora do nosso controle. Talvez o outro motorista tivesse más intenções, mas mesmo assim não queremos permitir que isso dite nossa resposta de uma forma que percamos o poder sobre nós mesmos. Uma pergunta fundamental à qual devemos voltar repetidamente é: "Como podemos viver uma vida justa em um mundo que algumas vezes é injusto?". Como Sócrates disse a Polo: "É melhor sofrer uma injustiça do que cometer uma" (*Górgias*, diálogo de Platão). Manter sua verdadeira força quando confrontado com tais situações é manter-se dentro dos círculos de interconexão e empatia, preservando o autodomínio, a virtude e uma mente sadia.

No caso de alguém que não está tratando-o como você gostaria de ser tratado, você também deve fazer um inventário do que pode e não pode controlar na situação. Você pode empenhar seus melhores esforços para retificar a situação ao interagir com essa pessoa (p. ex., tendo uma conversa honesta sobre como se sente e procurando entender por que ela está tratando-o desse modo). Mas, se a pessoa não der atenção à sua preocupação, você pode se retirar da situação. Contudo, se ela for um colega de trabalho ou um familiar, a melhor opção é continuar agindo como uma pessoa sábia — tratando os outros como você gostaria de ser tratado. Isso não significa ser um capacho. Você expressou seu desejo de ser tratado com respeito.

Uma pessoa sábia, mais uma vez, consideraria a fonte. Como alguém sábio, você não valorizaria as ações ou opiniões de uma pessoa imprudente. Embora as palavras dessa pessoa possam ser ignorantes, você pode decidir como recebê-las. Você pode decidir se acredita nelas ou mesmo se quer se concentrar nelas. Assim, você tem a opção de decidir como (e se) carrega as palavras dessa pessoa com você, o que, em última análise, o afeta ou não. Essa escolha é o que você pode controlar nessa situação. Marco Aurélio disse o seguinte sobre ofensas e sobre essa escolha: "Se você decidir não ser prejudicado por danos potenciais, então não os vivenciará. Se você se recusar a reconhecer os danos, então não terá sido verdadeiramente prejudicado" (*Meditações*, 4.7.1).

O que mais me incomoda nessa interação?

Que aspectos da situação estão sob meu controle?

O contexto e a hierarquia da relação me permitem mudar a interação? Como?

Como posso ajustar minhas expectativas?

Como posso expressar com mais clareza o que quero e o que não quero nessa situação?

A relação é recuperável? _____

Quais são os prós e contras de tolerar essa situação?

Quais são minhas opções?

OBSERVANDO A RELAÇÃO A PARTIR DA VISÃO AÉREA

Anteriormente, discutimos a estratégia estoica de ganhar perspectiva vendo as coisas por um "panorama geral". Um dos objetivos da terapia de casais é ajudar as pessoas a aprenderem a adotar juntas essa visão aérea. Uma grande intimidade emocional decorre de ser capaz de adotar essa visão em conjunto; por isso, nem todas as pessoas ou relacionamentos estarão dispostos a aproveitar essa vantagem conosco. A partir da visão aérea, podemos ver que algumas das coisas sobre as quais discutimos não são um grande problema no panorama geral.

O conceito de visão aérea ou perspectiva cósmica é, de fato, um tema recorrente na filosofia estoica e foi associado a vários filósofos estoicos. A adoção dessa visão nos ajuda a ver qual é o verdadeiro problema, para que possamos ter um diálogo construtivo. Também podemos reconhecer nossas preferências e não preferências e lembrar de que podemos tolerar situações que não ocorrem como queremos. Em vez de se chatear com isso, podemos concentrar nossas energias no que é mais importante.

VOCÊ VAI FICAR OU VAI EMBORA?

Da perspectiva de um terapeuta de casais, quando um casal chega ao ponto em que a relação não está mais funcionando, há dois possíveis desfechos bem-sucedidos: os parceiros melhoram o relacionamento de modo que ele funcione para ambos ou o casal decide reduzir as perdas e terminar a relação. O único desfecho ruim é se as coisas continuarem em um estado de mau funcionamento. É preciso sabedoria e coragem para *aceitar as coisas que não podemos mudar*, o que em um relacionamento pode muito bem ser nosso nível de compatibilidade, se formos autênticos.

Muitos de nós somos arrebatados pelo sentimento de nos apaixonarmos por alguém, acreditando que se trata de amor verdadeiro. Contudo, quando isso acontece e a outra pessoa faz algo diferente do que esperamos, somos propensos a focar mais na "falha" percebida do que deveríamos; isso se torna um problema maior do que deveria ser. No entanto, nem todas as falhas são iguais, e algumas são definitivamente fatores de ruptura. As pessoas muitas vezes querem uma lista dos fatores de ruptura para lhes dizer quando ficar ou quando ir embora, como uma maneira de evitar o trabalho emocional de tomar essa decisão. A verdade é que você pode sair de um relacionamento por qualquer razão; isso depende de você. Contudo, pode não ser sábio deixar para trás todo e qualquer relacionamento que tenha momentos de dificuldade.

Ao ponderar sobre essa decisão, a verdade à qual normalmente voltamos é que o melhor previsor do comportamento futuro é o comportamento passado. Pessoas acomodadas tendem a não mudar. O momento nunca será perfeito. Escolher não decidir ainda é tomar uma decisão. Algumas vezes na vida, não temos uma boa opção, então precisamos escolher a opção menos ruim ou a que seria melhor para nós a longo prazo. Muitas pessoas ficam em relacionamentos ruins a longo prazo para evitar o desconforto a curto prazo de deixar seu parceiro. Da mesma forma, muitas pessoas comprometem-se parcialmente com um relacionamento e esperam para ver se ele vai melhorar por si só. Estamos todos com o tempo emprestado, *memento mori*. Alimente as relações saudáveis e deixe para trás aquelas que não lhe servem bem, assim todos podem aproveitar ao máximo seu tempo curto e precioso.

ABORDAGEM DAS DUAS ALAVANCAS DE EPÍTETO

A abordagem das duas alavancas, que discutimos no Capítulo 7, sintetiza a abordagem estoica do sábio para a eficácia interpessoal, pois foca em fazer o que funciona. Para reiterar, em qualquer situação há muitas maneiras de abordar um problema. Algumas abordagens são mais habilidosas do que outras. Uma reação emocional e vingativa provavelmente não será eficaz. Precisamos lembrar que o valor estoico de justiça não tem a ver com punição ou vigilância, mas com justiça imparcial e bondade benevolente. Precisamos aprender a parar e pensar antes de abordar situações difíceis, e temos de nos perguntar qual seria o curso de ação mais sábio. Se conseguimos encontrar interesses compartilhados e conexão, existe uma oportunidade para colaboração. Uma cópia deste exercício está disponível para *download* na página do livro em loja.grupoa.com.br.

Usando a abordagem das duas alavancas

Pense em uma situação interpessoal que seja difícil ou que esteja causando angústia e use a abordagem das duas alavancas para resolvê-la.

O que está acontecendo na situação?

_____

_____

_____

_____

_____

Qual é minha reação emocional?

_____

_____

O que pode ser feito para melhorar a situação?

O que eu poderia dizer ou fazer que seria justo e gentil?

Qual é a coisa mais sábia que posso fazer nessa situação?

COMO PEDIR DESCULPAS

Muitas vezes, pedir desculpas quando cometemos um erro pode ser o curso de ação mais sábio. Isso demonstra temperança e justiça, e até exige coragem. É claro, também precisamos usar nossa sabedoria para entender se realmente cometemos um erro ou se estamos caindo em um padrão em que nos desculpamos em excesso. Um estoico sábio pede desculpas quando é necessário. Um bom pedido de desculpas inclui vários componentes essenciais. Pense em um momento em que você devia ter feito um pedido de desculpas e use a estrutura a seguir para considerar o que poderia ter dito e feito.

1. Identifique se um pedido de desculpas é justificado.
2. Peça desculpas genuinamente.
3. Assuma seu erro e a responsabilidade.
4. Reconheça os sentimentos e o sofrimento da outra pessoa.
5. Sane o dano oferecendo reparações ou restituição, se apropriado.
6. Explique por que isso não acontecerá novamente.

Desenvolvido por Alexis A. Adams-Clark, Xi Yang, Monika N. Lind, Christina Gamache Martin e Maureen Zalewski. 2022. *DBT Bulletin* 6(1). Universidade do Oregon. Modificado e usado com permissão.

ESTABELEÇA LIMITES COMO UM IMPERADOR ROMANO

Muitas vezes, quando tentamos estabelecer limites, inicialmente surge um sentimento de culpa. Perdemos de vista por que queremos estabelecer um limite e colocamos nossas necessidades emocionais em segundo plano, preocupados que a outra parte possa se ofender. A culpa pode ser amplificada depois que o limite é solicitado e a outra pessoa reage. No entanto, é importante lembrarmos o que estamos essencialmente dizendo quando estabelecemos limites. Estamos dizendo à outra pessoa: "Isto é o que preciso para me sentir seguro, valorizado e respeitado". Quando lemos dessa forma, isso se torna uma solicitação ainda mais racional.

Os antigos estoicos viam o estabelecimento de limites como parte do autodomínio e algo necessário para a preservação da paz interior. É benéfico lembrarmos disso quando os outros reagem contra nossa definição de limites. Quando você começa a estabelecer limites, as pessoas que se beneficiavam da sua falta de limites talvez não gostem, e podem reagir. Elas podem não respeitar seus limites, preferindo acreditar que você não os manterá. Isso tornará ainda mais difícil manter os seus limites. Marco Aurélio também sentiu essa pressão. Com frequência, ele precisava lembrar a si mesmo de "emular o cabo rochoso inflexível, resistindo ao incessante assalto das ondas, pois ele permanece inabalável, acalmando as águas tumultuadas que o cercam" (*Meditações*, 4.49).

Fatores externos que não estão sob nosso controle, a exemplo da forma como as pessoas respondem ou se sentem em relação à sua solicitação, advindos da autopreservação e do bem-estar mental, são ondas que sempre estarão à nossa volta. Sendo psicologicamente flexíveis e resilientes, podemos escolher ver que elas ainda são pessoas boas, só que apenas não entendem. Tudo bem, e, se você levar isso em consideração, estará lhes dando o benefício da dúvida. Ainda assim, não temos de sucumbir ao impacto das ondas da sua falta de compreensão e, talvez, à sua reação desagradável. O promontório rochoso não impede as ondas, mas não é destruído por elas. Nós também não devemos ser. Com o tempo, as águas cessarão seu rugido.

COMUNICAÇÃO ASSERTIVA

Não é incomum que uma pessoa tenha dificuldade para encontrar um equilíbrio entre ser passiva demais e agressiva demais. A assertividade é uma abordagem equilibrada. Envolve expressar a sua verdade e perseguir o que você quer, ao mesmo tempo que mantém uma postura respeitosa. O psiquiatra Aaron Beck escreveu: "A pessoa mais forte não é a que está fazendo mais barulho, mas aquela que pode calmamente dirigir a conversa para a definição e a resolução de problemas" (Beck 1989).

Marsha Linehan, criadora da DBT, desenvolveu um enquadramento para a assertividade (Linehan 2014). Ele envolve descrever a situação como você a vê, expressar como a situação faz você se sentir, indagar o que você quer ver acontecer e depois reforçar por que esse será um bom resultado para todos. A sabedoria nos ajuda a escolher a abordagem com maior probabilidade de nos dar o que queremos, ao mesmo tempo que mantemos nosso autorrespeito. Considere o exemplo de Miriam e depois experimente essa técnica no exercício a seguir.

Miriam está infeliz com a rotina em que ela e seu marido caíram. Ela quer que eles saiam mais e façam mais coisas juntos. Percebe que está caindo em um padrão de reclamações sobre como as coisas estão em vez de defender como quer que elas sejam. A situação é que os dois não têm passado muito tempo juntos como acontecia antigamente, e ela sente falta disso. Ela quer que eles façam mais coisas juntos como casal, pois acha que isso irá aproximá-los.

Na sua opinião, qual afirmação tem mais chances de fazer com que Miriam consiga o que quer?

"Você nunca mais me levou para sair. Você ainda se importa comigo?"

"Não temos saído tanto quanto antes e sinto muita falta de passar um tempo com você desse jeito. Quero começar a fazer isso de novo porque acho que será divertido e bom para nós."

Qual é objetivamente a situação?

Quais são meus sentimentos sobre a situação?

O que quero ver acontecer?

Por que isso será bom para todos?

DIZENDO "NÃO"

Algumas vezes, a forma mais habilidosa de declinar de uma solicitação indesejada é apenas dizer "não", sem elaboração ou desculpas. Um fenômeno interpessoal comum é que queremos dizer "não", mas não queremos que a outra pessoa fique chateada, por isso inventamos uma razão para justificar nosso "não". Em seguida, a outra pessoa tentará resolver o problema relacionado às nossas razões, e se seguirá uma interação desconfortável e desagradável. Imagine um vendedor que tenta nos fazer comprar alguma coisa. Se dizemos que não podemos pagar pelo produto, é provável que ele comece a falar sobre as opções de financiamento. Se dizemos que já temos um item parecido, é provável que ele tente explicar por que seu produto é melhor. Um "não" firme e confiante causará mais impacto. Para aqueles que caem no padrão de agradar as pessoas, aprender a dizer "não" de modo confiante e calmo é uma habilidade que é preciso praticar. Quanto mais fazemos isso, mais fácil fica.

RESOLUÇÃO DE PROBLEMAS INTERPESSOAIS

A folha de atividade para eficácia situacional, apresentada a seguir, pode ser vista como o ponto culminante das habilidades abordadas neste capítulo. O foco principal é no que temos sob nosso controle para aumentarmos nossa habilidade de perseguir nossos objetivos de forma assertiva. Há algumas perguntas-chave que podemos fazer a nós mesmos quando abordamos uma situação em que queremos ser o mais habilidosos possível:

- Como posso abordar a situação com sabedoria?
- Que resultado eu quero obter da situação?
- Que elementos da situação estão sob meu controle?
- Que elementos da situação não estão sob meu controle?
- Como quero me sentir em relação a mim mesmo depois dessa interação?
- O que eu quero com a situação é possível?
- O que tenho de fazer para obter o que quero, ao mesmo tempo que mantenho meu autorrespeito e minha integridade?

Você pode encontrar uma cópia deste exercício para *download* na página do livro em loja.grupoa.com.br.

Folha de atividade para eficácia situacional

Que interação interpessoal recente não saiu como eu queria?

O que estava acontecendo nessa situação?

Que elementos dessa situação estavam sob meu controle?

Qual foi o desfecho que eu queria nessa situação?

O que eu queria é realista?

Dentro dos limites do que estava sob meu controle, o que eu deveria ter feito para obter o que queria?

O que aprendi com essa atividade que pode ser aplicado a interações futuras?

Considere o exemplo de Maria, que se encontra em meio a uma discussão familiar.

Maria está na metade da sua vida adulta e tem tido vontade de dedicar algum tempo durante as férias para que ela e seus filhos construam novas tradições familiares. Isso criou um conflito com seus pais, que querem que a família dela se mantenha envolvida com as tradições familiares já existentes. À medida que os filhos de Maria ficam mais velhos, ela se vê triste por esse período especial de sua vida estar escapando de suas mãos. Ela sente que não pode vencer: ou dá aos seus pais o que eles querem para manter a paz ou os desafia e possivelmente rompe a relação. Como uma nova estoica, Maria considera suas opções porque quer abordar a situação a partir de um ponto de vista de sabedoria. Ela se pergunta:

- *Como posso abordar a situação com sabedoria?*

  Preciso manter a calma enquanto abordo essa questão. A raiva e a paixão que surgem em mim me fazem querer responder de uma maneira emocional que seria destrutiva.

- *Que resultado eu quero obter da situação?*

  Não quero perder as relações e tradições especiais que tenho com a minha família mais ampla, e ao mesmo tempo quero poder reservar algum tempo para algo especial com meus filhos.

- *Que elementos da situação estão sob meu controle?*

  Estou no controle do que eu digo e de como digo. Posso falar com sabedoria e posso focar no bem comum.

- *Que elementos da situação não estão sob meu controle?*

  Não estou no controle de como meus pais reagem ou das suas expectativas em relação a mim.

- *Como quero me sentir em relação a mim mesma depois dessa interação?*

  Quero poder sentir que ainda sou uma filha amorosa e uma mãe amorosa.

- *O que quero com a situação é possível?*

  Não tenho certeza. Sei que para mim é possível falar com meus pais de forma amorosa e respeitosa sobre a situação. Não sei se posso controlar a *reação* deles. Mas tenho certeza de que há espaço para concessões. Quero que eles fiquem felizes e eles querem que eu fique feliz.

- *O que tenho de fazer para obter o que quero, ao mesmo tempo que mantenho meu autorrespeito e minha integridade?*

  Preciso abordar a situação de forma diferenciada. Não posso abordá-la com uma postura de antagonismo – ou eles conseguem o que querem, ou eu consigo o que eu quero. Preciso falar com amor e valorização da cultura e da tradição familiar mais ampla. E preciso abrir espaço para entrar no papel da futura matriarca da minha própria família. Talvez eu possa lhes perguntar como eles lidaram com isso anteriormente em sua vida. Antes, tudo o que eles faziam era com os pais da minha mãe e, em algum ponto, isso mudou. Se eu conseguir conversar com eles sobre como lidaram com isso, talvez possa aumentar sua empatia pela minha situação e aprender com a experiência deles de uma maneira colaborativa.

Ao avaliar o que somos e o que não somos capazes de controlar em uma situação, podemos concentrar nossos esforços em sermos habilidosos enquanto tentamos vencer os desafios interpessoais em nossa vida. Isso pode nos ajudar a agir de uma maneira sábia e de acordo com nossos valores pessoais.

Lições do Capítulo 8

- O estoicismo é uma filosofia que envolve preocupar-se com as outras pessoas e participar da sociedade.

- As relações são complexas, e existem várias habilidades que podem ajudá-lo a lidar com elas efetivamente, como ser capaz de pedir o que você quer de forma eficaz e dizer "não" quando necessário.

- As relações são outro contexto em que estar atento ao conceito estoico de dicotomia do controle aumenta a sua eficácia.

- Estamos todos interconectados. O estoico se esforça para se comportar da melhor maneira possível para a "colmeia".

9

Aprendendo a pensar como Sócrates:
como superar a dupla ignorância

> *Embora talvez você ainda não seja um Sócrates, se esforce*
> *para viver como alguém que aspira a ser um Sócrates.*
> — Epíteto, *Enquirídio*, 51

O método de ensino de Sócrates, que consistia em fazer perguntas em vez de apenas dar uma aula expositiva, foi uma mudança de paradigma que resistiu ao teste do tempo. Sua jornada, que o levaria a se tornar um dos filósofos mais reverenciados de todos os tempos, começou quando Querefonte (um filósofo e amigo leal) perguntou ao todo poderoso Oráculo de Delfos quem era o mais sábio dos homens. O oráculo respondeu: "Não há ninguém mais sábio do que Sócrates". Reconhecendo sua própria ignorância, Sócrates não acreditou nisso. Ele se propôs a provar que o oráculo estava errado, encontrando alguém mais sábio do que ele, e em vez disso descobriu que as pessoas que professavam saber coisas eram, na verdade, ignorantes. Pior ainda: elas não tinham consciência da própria ignorância. Ele disse: "Existe apenas uma virtude, a sabedoria, e um vício, a ignorância" (Diógenes Laércio, *Vidas e doutrinas dos filósofos ilustres*).

Embora Sócrates não tenha nos deixado nenhum livro escrito, seu legado é transmitido nos trabalhos de seus alunos, como Platão e Xenofonte. Platão escreveu o relato da defesa jurídica mais lembrada na história mundial, *A apologia de Sócrates*. Estoicos como Epíteto e Marco Aurélio também escreveram sobre ele. Embora Sócrates tenha antecedido os estoicos, ele é considerado o avô do estoicismo, e seu compromisso com viver uma vida de virtude torna seus ensinamentos altamente compatíveis com essa escola de pensamento. Afinal, a essência das virtudes estoicas são a sabedoria e a sabedoria em ação.

O foco deste capítulo é a essência dos ensinamentos de Sócrates: buscar a sabedoria e lutar para vencer a própria ignorância. A frase "Quanto mais aprendo, mais percebo o quanto não sei" com frequência é atribuída à grande mente de Albert Einstein. Alternativamente, podemos dizer que "As pessoas não sabem o que não sabem". Sócrates chamaria esse "não saber o que não sabemos" de *dupla ignorância*, e boa parte do seu trabalho foi dedicada a vencer isso em si mesmo e naqueles à sua volta.

Há histórias que contamos a nós mesmos por hábito que nem sempre refletem a realidade. Aprender a pensar como Sócrates envolve dar um passo atrás mentalmente e dar uma boa olhada em nossos processos de pensamento, pressupostos e padrões comportamentais.

QUAIS SÃO OS PRESSUPOSTOS SUBJACENTES?

De acordo com um conceito básico da filosofia e da psicologia, embora exista a realidade objetiva, temos tendência a experimentar nossa própria interpretação dessa realidade baseados em nossa história, nossos pressupostos, nosso humor, nossa cultura e uma variedade de outros fatores. A psicologia social nos ensina que as pessoas tendem a ver o que esperam ver, e também tendem a interpretar suas percepções de uma maneira que seja compatível com suas expectativas. Além disso, a memória dependente do estado de humor é algo real, dificultando que nos lembremos da história completa. Devido a isso, nossas narrativas distorcidas podem ser autossustentáveis se deixadas à própria sorte.

Sócrates atribuía sua sabedoria à consciência da sua própria ignorância. Mesmo no final da sua vida, ele ainda procurava superar isso. Procurar reconhecer e superar nossos próprios pontos cegos é um processo importante e contínuo. Para seguirmos seus passos, é imprescindível observarmos e estudarmos nossa própria mente. Há um consenso de que existem processos de pensamento que ocorrem dentro da nossa consciência e processos de pensamento que acontecem fora dela, mas que são acessíveis. Um passo inicial importante na TCC é aprender a desacelerar mentalmente e identificar as cognições que ocorrem fora da nossa consciência e afetam o que sentimos e o que fazemos.

Este é um experimento com o pensamento. Para este exercício, não procure a resposta na internet; em vez disso, use esta oportunidade para praticar a identificação de pressupostos subjacentes. Imagine que uma criança pergunta ao seu pai ou à sua mãe: "A raposa é um gato ou um cachorro?". Para responder, o pai ou a mãe poderia considerar algumas perguntas, por exemplo:

- Quais são as diferenças entre cachorros e gatos?
- Uma raposa é grande como um cachorro ou pequena como um gato doméstico?
- Raposas e lobos podem ser cachorros?
- Se um puma é um gato e um lobo é um cachorro, com qual deles uma raposa se parece mais?
- Se gatos ronronam e cachorros latem, que som a raposa faz?
- Por que uma raposa tem olhos de gato e dentes caninos?
- Como algumas raposas conseguem subir em árvores?

Quando nos deparamos com uma pergunta de que não sabemos a resposta, prestar atenção aos nossos padrões de raciocínio e a como tentamos resolver o problema pode nos ensinar sobre nossos pressupostos subjacentes. Agora, se você for um biólogo ou zoólogo, será mais provável que saiba que as raposas fazem parte da família de animais canídeos, o que as torna caninos (da família dos cães).

A questão é que todos nós temos pressupostos ocultos, e aprender a identificá-los requer prática. Vamos começar com um exemplo que não é emocionalmente carregado. Há uma pequena controvérsia no mundo dos alimentos relacionada à questão de colocar ou não abacaxi na *pizza*. Você pode não ter uma opinião sólida sobre isso, mas, para o exercício, escolha "Sim" ou "Não".

1. Deve-se colocar abacaxi na *pizza*? (Sim/Não)
2. Avance mais um pouco e explore as justificativas para sua opinião.
3. Quais são os motivos para que o abacaxi seja ou não colocado na *pizza*?

Se fizéssemos essa pergunta a Sócrates, sua primeira resposta poderia ser questionar o que é uma *pizza*. A ideia de *pizza* pode não ser tão estranha para ele. Há boatos de que os gregos antigos faziam um pão achatado denominado *plakous*, que era saborizado com coberturas como ervas, cebola, queijo e alho. No entanto, a pergunta do filósofo também pode ilustrar sabedoria. A resposta a "Deve-se colocar abacaxi na *pizza*?" depende inicialmente de explorar como definimos o conceito de *pizza*.

Diálogos semelhantes poderiam ocorrer para perguntas como: "Uma canção *country* pode ter uma guitarra?" ou "Cachorro-quente é um tipo de sanduíche?".

Um exemplo interessante é de quando a gigante de *fast-food* Taco Bell tentou abrir seus restaurantes no México. Eles foram recebidos com confusão, porque o cardápio era muito diferente do dos autênticos restaurantes de tacos locais. Uma linha de questionamento socrático teria perguntado: "O que é um taco?". Ou melhor ainda: "O que é um Crunchwrap Supreme?".

ABORDAGENS SOCRÁTICAS PARA DISCUSSÕES EM GRUPO

Outro âmbito para praticar suas habilidades socráticas são os contextos de grupo. Se você estiver ensinando uma turma ou coordenando um grupo, em vez de dar uma aula expositiva, poderá usar o grupo como uma oportunidade de explorar o conteúdo. Você poderia imaginar um diálogo em grupo sobre os méritos do abacaxi na *pizza* usando o formato abaixo. O uso de estratégias socráticas pode ser diferente em contextos de grupo, mas o objetivo geral de tentar procurar a sabedoria e superar a ignorância se mantém, ao mesmo tempo que se busca estimular a curiosidade e a colaboração do grupo. Você pode encontrar uma cópia do guia a seguir para *download* na página do livro em loja.grupoa.com.br.

Guia rápido: questionamento socrático para discussões em grupo

O método socrático é um processo de desmembrar as coisas e juntá-las de uma nova maneira. É um processo de pensar *com* as pessoas em vez de *por* elas. Em um formato de grupo, isso significa: (1) desmembrar (discutir o que o material está dizendo); (2) avaliar o que está sendo dito; (3) expandir isso com a inclusão de outras perspectivas; (4) reunir tudo para obter uma perspectiva mais robusta; e (5) criar estratégias acionáveis para aplicar na realidade.

1. **Desmembrando**

   "O que achamos que eles estão dizendo aqui?"

   "Qual é o ponto principal que eles estão defendendo?"

   "Há algum exemplo do que eles estão falando na vida real?"

2. **Avaliando o que está sendo dito**

   "Por que isso é importante?"

   "Como isso se parece na vida real?"

"De acordo com sua experiência, o que eles estão dizendo é verdade?"

"Como isso pode nos ajudar enquanto trabalhamos para atingir nossos objetivos?"

3. Expandindo com outras perspectivas

"Está faltando alguma coisa?"

"Há outras maneiras de olhar para isso?"

"Há perspectivas culturais que podem contribuir para a conversa?"

"Podemos acrescentar mais nuances para tornar isso mais preciso?"

4. Reunindo tudo

"Como podemos reafirmar a ideia de uma maneira que capture tudo o que discutimos?"

5. Criando estratégias acionáveis

"Como podemos experimentar isso nesta semana?"

SÓCRATES E PSEUDOSSÓCRATES

Existem algumas figuras contemporâneas que podem se identificar com Sócrates, embora ele provavelmente não se identificaria com elas. Em sua época, havia os sofistas, que davam aulas ou ensinavam por dinheiro. Com frequência, eles ensinavam outras pessoas a usar a lógica ou a razão para vencer discussões, mesmo as injustas. Sócrates era muito crítico desse grupo, pois observava que eles estavam mais interessados no dinheiro do que na virtude e tendiam a usar a razão para dizer às pessoas o que elas queriam ouvir em vez do que era verdade. Isso fica muito evidente no direito e na política modernos, em que as pessoas tentam usar a razão para justificar suas afirmações em vez de utilizá-la para questionar suas crenças e possivelmente chegar a uma melhor compreensão da verdade. Desse modo, a razão pode ser usada para fortalecer a ignorância.

Em *Górgias*, de Platão, que consiste em um diálogo entre Sócrates e Polo, eles discutem o valor da retórica (persuasão). Sócrates apresenta seus pontos de vista claramente conhecidos, dizendo que essa maneira de usar a razão como um meio de persuasão com frequência consiste em "suposições sobre o que é agradável, sem levar em consideração o que é melhor". Em outras palavras, o simples fato de algo parecer convincente não significa que é verdadeiro ou justo. Aprender a pensar como Sócrates tem menos a ver com vencer discussões e mais a ver com superar a ignorância e procurar a sabedoria.

O MÉTODO SOCRÁTICO

O método *elenchus* (ou *elenctic*) é um procedimento socrático de diálogo em que ambas as partes fazem e respondem a perguntas para desvendar os pressupostos subjacentes uma da outra. Ao examinarmos os diálogos socráticos originais, um padrão é observado. Sócrates tipicamente pede que a outra parte defina o construto que eles estão discutindo. Ele demonstra alguma ignorância sobre o assunto e faz perguntas para primeiro testar os limites dessa definição. Depois que o construto tiver sido explorado, ele testa a consistência do argumento com o construto que eles definiram. Os diálogos costumam terminar em um estado de *aporia* (confusão ou incerteza) conforme o pressuposto inicial que está sendo testado prova conter alguma ignorância ou presunção de conhecimento. Atualmente, os terapeutas levam o processo alguns passos além, e o próximo capítulo focará em uma estrutura que integra a antiga sabedoria socrática e a prática cognitivo-comportamental moderna. Por enquanto, vamos focar na compreensão dos fundamentos da metodologia socrática.

Um exemplo divertido do método socrático pode ser encontrado no *Simpósio* de Xenofonte, quando Sócrates está participando de uma competição de beleza com outro homem, Critobulus. No entanto, Sócrates não era famoso por ser um protótipo do antigo ideal grego de beleza masculina. Ele era calvo, tinha os olhos saltados e o nariz arrebitado. Sócrates iniciou a competição de beleza pedindo que seu competidor definisse o termo "beleza". Ele então trabalhou para expandir essa definição, perguntando, por exemplo, se apenas os humanos poderiam ser bonitos. A resposta foi que animais e até mesmo objetos como uma lança ou um escudo poderiam ser bonitos. Quando Sócrates sondou melhor essa resposta, foi dito que, se algo fosse bem feito para sua função, também poderia ser bonito. Sócrates aproveitou-se disso. Ele perguntou sobre o propósito dos olhos, e a resposta foi que era enxergar; então ele disse que seus olhos, esbugalhados como os de um caranguejo, tinham mais capacidade de enxergar do que os do seu competidor. Também fez a observação de que seu nariz arrebitado não obstruía sua visão e de que suas narinas abertas poderiam capturar facilmente os aromas, e tudo isso deveria ser um sinal de beleza.

Embora esse diálogo passe a impressão de dois homens fazendo zombarias por tédio, ele ilustra o método socrático de modo muito acessível. Para responder a uma pergunta, precisamos primeiro entender o que exatamente estamos perguntando. Em nosso livro *Questionamento socrático para terapeutas*, mencionamos que os pensamentos distorcidos geralmente estão baseados em definições distorcidas. Sócrates sempre focava na desconstrução e no aprofundamento da definição antes de tentar responder a uma pergunta. Ele nunca escreveu um manual para seu método, por isso temos de tentar recriá-lo estudando os antigos diálogos. Este é um esboço da sua abordagem típica:

1. *Identifique a proposição:* que pergunta está sendo feita?
2. *Identifique o conceito-chave:* qual é o conceito-chave para essa pergunta?
3. *Defina o construto:* qual é a operacionalização desse conceito?
4. *Teste o construto:* quais são os limites dessa definição?
5. *Teste a consistência:* como a definição refinada se compara com a proposição original?

O diálogo da competição de beleza pode ser usado para ilustrar essa metodologia.

1. Identifique a proposição: que pergunta está sendo feita?
   Quem é mais bonito, Sócrates ou Critobolus?

2. Identifique o conceito-chave: qual é o conceito-chave para essa pergunta?
   Beleza.

3. Defina o construto: qual é a operacionalização desse conceito?
   A definição inicial é sobre ser esteticamente agradável.

4. Teste o construto: quais são os limites dessa definição?
   A beleza pode ser observada em animais e até em objetos feitos pelo homem. Também precisa ser bem feita para a função do item.

5. Teste a consistência: como a definição refinada se compara com a proposição original?
   A beleza pode não ser tão restrita como se definiu inicialmente, e a funcionalidade pode ser tão importante quanto a estética.

É claro que a competição de beleza é um exemplo tolo. Como esse método socrático aplica-se a questões mais importantes? Considere os exemplos a seguir.

Exemplo A

1. Identifique a proposição: que pergunta está sendo feita?
   Minha ideia de negócios fracassou. Eu sou um fracasso?

2. Identifique o conceito-chave: qual é o conceito-chave para essa pergunta?
   Ser um fracasso.

3. Defina o construto: qual é a operacionalização desse conceito?
   O foco inicial pode estar no fato de que um fracasso foi experienciado com generalização excessiva. Isso leva à falsa impressão de que o fracasso compõe a totalidade de quem a pessoa é.

4. Teste o construto: quais são os limites dessa definição?
   Fracassar uma vez faz de alguém um fracasso pelo resto da sua vida? Aqueles que são bem-sucedidos sempre tiveram sucesso, sem nenhuma história de fracasso? Se uma pessoa fracassa uma vez e depois tem sucesso, ela é um fracasso ou um sucesso?

5. Teste a consistência: como a definição refinada se compara com a proposição original?
   O fracasso é uma experiência, não uma identidade. Podemos fracassar e depois ter sucesso. Nossos reveses não precisam nos definir.

Exemplo B

1. Identifique a proposição: que pergunta está sendo feita?
   Por que, por mais conquistas que eu tenha, parece que nunca serei suficientemente bom?

2. Identifique o conceito-chave: qual é o conceito-chave para essa pergunta?
   Ser suficientemente bom.

3. Defina o construto: qual é a operacionalização desse conceito?
   Ser suficientemente bom é um "alvo móvel". Na verdade, não sei o que isso significa ou como seria. Suponho que significa que eu finalmente me sentiria satisfeito e orgulhoso de mim.

4. Teste o construto: quais são os limites dessa definição?
   Em sua mente, há alguma conquista que você acha que faria com que se sentisse suficientemente bom? Você já pensou em suas conquistas anteriores? Se elas não o fizeram se sentir realizado, por que você acha que esse próximo obstáculo preencherá o vazio? Você poderia encontrar satisfação se nunca atingisse a perfeição? É possível que você esteja tentando encontrar autoaceitação por meio de realizações? Ser suficientemente bom é algo que deve ser conquistado? Se fôssemos a uma maternidade e víssemos todos os bebês que ali estão, você poderia dizer que eles não são suficientemente bons porque ainda não conquistaram nada em sua vida?

5. Teste a consistência: como a definição refinada se compara com a proposição original?

Talvez ser suficientemente bom não seja algo que você deva esperar alcançar. Talvez, se continuar fazendo o seu melhor, seu melhor ficará ainda melhor e tudo bem.

Experimente o método socrático em si mesmo

O próximo passo para aprender a pensar como Sócrates é praticar esse método em você mesmo com o exercício a seguir. É melhor começar com assuntos sobre os quais você não tem uma opinião muito forte. Inicie por temas menos emotivos antes de passar para seus pressupostos mais centrais. Outra lição a ser aprendida com a vida de Sócrates é que, de modo geral, as pessoas não vão gostar se você abordá-las com essas perguntas. Concentre-se em aplicá-las a si mesmo e em praticar as habilidades. Você pode encontrar uma cópia deste exercício para *download* na página do livro em loja.grupoa.com.br.

Aprendendo o método socrático

1. Identifique a proposição: que pergunta está sendo feita?

\
\
\
\
\

2. Identifique o conceito-chave: qual é o conceito-chave para essa pergunta?

\
\
\
\

3. Defina o construto: qual é a operacionalização desse conceito?

4. Teste o construto: quais são os limites dessa definição?

5. Teste a consistência: como a definição refinada se compara com a proposição original?

O próximo capítulo focará na construção dessas habilidades centrais para aplicar o método socrático a nossas crenças autolimitantes. Pratique as habilidades deste capítulo até se sentir mais confiante em sua capacidade de identificar os pensamentos e questione os pressupostos que estão subjacentes a esses pensamentos. Se estiver trabalhando com um *coach* ou terapeuta, você pode dedicar algumas semanas às habilidades contidas neste capítulo; você não pode pular os aspectos fundamentais.

Lições do Capítulo 9

- Ignorar sua própria ignorância é o primeiro obstáculo a ser superado.

- Ao superar sua própria ignorância, você aprende a identificar e questionar seus pressupostos.

- A antiga sabedoria socrática é compatível com a TCC moderna.

- Não só o que acontece, mas também sua interpretação do que acontece é o que orienta como você se sente e o que você faz.

- Você pode aprender a examinar seus próprios pensamentos e percepções usando o método socrático.

- É aconselhável começar a usar essa prática com assuntos sobre os quais você não tem uma opinião muito forte antes de passar para seus pressupostos mais centrais.

10

Um método autossocrático:
utilizando o pensamento socrático para sair da imobilidade

> *A admiração é o sentimento de um filósofo,
> e a jornada da filosofia começa pela admiração.*
> — Sócrates em *Teeteto*, de Platão

A sabedoria nasce da admissão de que há coisas que talvez você não saiba, da consciência da sua própria inexperiência e das lacunas no conhecimento. O capítulo anterior concentrou-se nas habilidades metacognitivas aplicadas aos pensamentos e pressupostos que não são carregados emocionalmente. Em geral, as crenças dolorosas autolimitantes que temos são mais um processo de mudança; por isso, ter uma boa compreensão das habilidades fundamentais, dos aspectos básicos, é recomendável. Muitas vezes, as pessoas precisam praticar as habilidades do capítulo anterior por um período de tempo antes de avançar para este capítulo final.

Um advogado pode se concentrar no uso do questionamento socrático para avaliar a consistência de uma argumentação ou testemunho. Tipicamente, há um processo de perguntas abertas e fechadas para estabelecer o que está sendo avaliado e depois perguntas fechadas para testar a consistência do argumento ou da perspectiva. Isso seria denominado "método elêntico" (ou *elenchus*). Como alternativa, um terapeuta pode usar um tipo diferente de questionamento socrático para ajudar a avaliar a autonarrativa e descobrir verdades desconhecidas ou ocultas. A mãe de Sócrates (chamada Fenarete) era parteira, e Sócrates via seu próprio trabalho e seus métodos como os de uma parteira do pensamento. Esse método de obstetrícia filosófica de ajudar alguém a "dar à luz" um novo pensamento próprio (em vez de lhe dizer o que pensar) é denominado "método maiêutico". Este capítulo abordará estratégias de ambos os métodos.

Em nível psicoterápico, o objetivo do questionamento socrático é pensar *com* o cliente em vez de *por* ele. Esse processo conjunto inicia com a desaceleração do pensamento, pausando e permanecendo no momento. Depois disso, damos um passo atrás em relação a esses pensamentos atuais. Aqui, depois de obter alguma distância do que está sendo consumido pelo pensamento, podemos procurar de modo efetivo entender as coisas como elas são, expandindo nossa consciência com curiosidade. Então podemos começar a sintetizar a informação em uma perspectiva mais equilibrada. Há também os passos que um indivíduo pode usar a fim de aplicar um *método autossocrático* de investigação para se desbloquear em sua vida. Obter distância cognitiva suficiente para ver seus próprios processos de pensamento e depois se distanciar um pouco mais desses processos para observar que você está de fato percebendo-os: isso é o que chamamos de "mente observadora" ou "*self* observador".

Esse *self* observador pode ser um colaborador fundamental na aplicação da investigação socrática aos seus processos mentais e estruturas de crenças; assim, você poderá atuar como sua própria parteira filosófica quando procurar avaliar seus pressupostos. Nos casos em que é difícil desbloquear-se sozinho, trabalhar com um profissional pode ser útil. Você pode fazer o *download* de uma cópia do resumo do método autossocrático a seguir na página do livro em loja.grupoa.com.br.

MÉTODO AUTOSSOCRÁTICO

O método autossocrático abrange os seguintes passos:

1. **Foco:** primeiro, identifique no que focar. Quais são os temores que o mantêm preso? Quais são suas crenças e pressupostos autolimitantes?

2. **Compreensão:** a seguir, explore o contexto e a origem desses pressupostos. Qual é a origem dessas crenças? Em que contexto elas se desenvolveram? Que padrões comportamentais acompanham essas crenças? Há algum ciclo vicioso?

3. **Curiosidade:** expanda sua consciência com curiosidade e exploração. Se você recuar mentalmente, que perspectivas perderá? Há algum contexto faltando?

Quais são as lacunas no conhecimento? Há coisas que você sabe e está esquecendo? Há experiências importantes que você ainda não teve devido a suas estratégias de evitação ou controle?

4. **Resumo e síntese:** por fim, resuma e sintetize a investigação para desenvolver uma nova perspectiva. Como você pode reunir tudo para criar um ponto de vista equilibrado? Como você pode colocar em prática sua nova perspectiva? O que você ainda precisa aprender ou testar?

PASSO 1: FOCO

O primeiro passo nesse processo é escolher o que avaliar. Um diálogo socrático efetivo focará na avaliação de uma premissa de cada vez. Quando as pessoas pensam sobre seus problemas e suas autonarrativas, geralmente o fazem de maneira não linear. Essa abordagem não linear nos leva a nos engajarmos em *ruminação*.

Para compreender a ruminação, podemos pensar no funcionamento de um sistema digestivo ruminante (como o de uma vaca). Uma vaca digere algo parcialmente, vomita, mastiga outra vez, engole, digere parcialmente de novo, e esse ciclo prossegue até ela digerir coisas que seriam difíceis de serem digeridas por você ou por mim. Os humanos fazem isso mentalmente com as crenças dolorosas ou autolimitantes. Quando uma situação não parece fazer sentido, é claro que é muito desagradável. As pessoas são propensas a pensar sobre uma situação várias vezes, acreditando que essa abordagem trará algum esclarecimento. Entretanto, pesquisas recentes mostram que, quando as pessoas fazem isso, elas tendem a focar na história de maneira desigual. Então, diferentes ideias e diferentes experiências se misturam. Essa mistura geralmente leva a uma reconsolidação da memória, em que as memórias e crenças tendem a se tornar mais extremas. Em outras palavras, a ruminação tende a produzir uma autonarrativa mais extrema. Para evitar esse padrão de ruminação, é importante selecionar uma coisa de cada vez.

Conhece a ti mesmo

É provável que você já tenha feito alguma introspecção anteriormente, mas reserve um momento para fazer um inventário de alguns pressupostos dos quais talvez não tenha consciência.

Quais são alguns dos principais relacionamentos que tenho em minha vida?

A partir desses relacionamentos, o que aprendi sobre mim mesmo, sobre os outros e sobre o mundo em geral?

Quais são algumas das principais experiências em minha vida que moldaram quem sou e meus pressupostos?

A partir dessas experiências, que pressupostos aprendi sobre mim mesmo, sobre os outros e sobre o mundo em geral?

Há outros fatores importantes que moldaram quem sou (incluindo mensagens culturais e interculturais)?

_____

_____

_____

A partir desses fatores, que mensagens aprendi sobre mim mesmo, sobre os outros e sobre o mundo em geral?

_____

_____

_____

Algum desses pressupostos parece mantê-lo preso ou o impede de se engajar no tipo de vida que você quer viver? Talvez você já saiba o que quer avaliar. Se for assim, anote para que isso o ajude a se manter focado. Se você ainda não tiver certeza do que quer avaliar, isso é perfeitamente aceitável, e a próxima seção o ajudará a identificar quais dos seus pressupostos explorar. Mesmo que você saiba o que quer explorar, a próxima seção o ajudará a desenvolver uma melhor compreensão dos pressupostos subjacentes para lhe proporcionar uma linha de investigação socrática mais produtiva.

Reunindo os dados

Essa etapa geralmente envolve uma ferramenta poderosa conhecida como "automonitoramento". Ela o coloca no posto de comando, com a habilidade para examinar apropriadamente por que suas crenças existem e como elas afetam suas dificuldades atuais. A memória humana não é inteiramente confiável, e também pode ser distorcida por estresse, insônia, ansiedade, humor, dor crônica, _burnout_, dificuldades de relacionamento e muito mais. Como diz o ditado: "Um lápis pequeno é melhor do que a memória mais afiada" (em outras palavras, anote se não quiser esquecer). Por isso, é importante rastrear os dados (e registrá-los) para saber mais sobre os pressupostos subjacentes ao seu estresse.

Para fazer isso, primeiro você deve identificar quando esse estresse específico ocorre, quando ele é mais intenso e quais situações tendem a evocá-lo. Isso pode incluir estímulos internos e externos. Geralmente, é aconselhável descrever a emoção específica que está associada a esse estresse e classificar a intensidade da emoção para ver quais situações podem ser as melhores pistas para investigar. Para ajudá-lo a compreender esse processo, vamos acompanhar a história de Dan enquanto ele explora seus sentimentos de ser um fracasso. Depois, você poderá explorar sua própria autonarrativa.

Situação Quem, o quê, quando e onde?	Contexto externo O que está acontecendo à minha volta nesta situação?	Contexto interno O que está acontecendo internamente nesta situação? Onde está minha atenção? Que pensamentos estão passando pela minha cabeça?	Emoção e intensidade O que estou sentindo? Em uma escala de 1 a 10, com que intensidade estou sentindo isso?
Sozinho, preparando uma apresentação (manhã de segunda-feira no trabalho)	Todos os outros parecem muito produtivos e confiantes.	Estou entrando em pânico. Tenho certeza de que vou estragar essa apresentação. Acho que não consigo fazer isso. Estou preocupado em perder meu emprego. Não consigo me concentrar. Só fico pensando no fracasso que eu sou.	Medo: 85

Com minha parceira, preparando o jantar (à noite, em casa)	Ela está me perguntando como foi o meu dia, e não quero falar sobre isso. Ela só está tentando puxar conversa e estou sendo meio rude sem motivo.	Não quero falar de trabalho. Não quero pensar em trabalho. Pensar sobre o trabalho me faz lembrar de como me sinto um fracasso. Sinto-me ansioso, mas tenho dificuldade de falar sobre isso com minha parceira. Não quero ser rude com ela, mas também não quero desmoronar e mostrar o quanto estou assustado. Só quero que tudo isso passe.	Medo: 50 Irritabilidade: 90
Sozinho, navegando pelos *feeds* no meu celular (mais tarde nessa noite, no sofá)	Minha parceira disse que eu estava sendo rude e me deixou sozinho em casa.	Estou aliviado por não ter que falar sobre trabalho, mas preocupado com meu relacionamento. Estou irritado comigo por criar problemas em casa. Agora estou estressado e preocupado com a minha casa e com o trabalho.	Medo: 70 Irritabilidade: 70
Que temas observo? Tenho tendência a entrar em pânico, mas não quero falar com ninguém sobre isso. Ao tentar evitar pensar sobre o que está me incomodando, acabo criando um novo problema (provavelmente um problema maior).			
Em que situações externas essas sensações são mais intensas? Situações em que posso estragar tudo ou parecer um idiota.			
Que circunstâncias internas tendem a tornar isso pior? Evitação. Evito lidar com o problema, e isso só piora as coisas.			

Agora tente preencher a folha de atividade você mesmo. Tenha em mente que essa folha de atividade não é mágica, e não há necessidade de perfeccionismo. Se algo útil for anotado na coluna ou linha errada, ainda assim será útil. O mais importante é capturar os dados. Depois, vamos analisá-los.

Situação Quem, o quê, quando e onde?	Contexto externo O que está acontecendo à minha volta nesta situação?	Contexto interno O que está acontecendo internamente nesta situação? Onde está minha atenção? Que pensamentos estão passando pela minha cabeça?	Emoção e intensidade O que estou sentindo? Em uma escala de 1 a 10, com que intensidade estou sentindo isso?

Que temas observo?

Em que situações externas essas sensações são mais intensas?

Que circunstâncias internas tendem a tornar isso pior?

Faça esse acompanhamento ao longo do tempo, porque algumas semanas podem ser atípicas nos desafios que você enfrenta. Depois de reunir dados durante uma ou várias semanas, você acumulará temas. Você pode usar esses temas para ter uma ideia melhor do que explorar. Embora alguns dos pensamentos que passam por nossa mente sejam apenas ruído ou não tenham sentido, se rastreamos os temas de nossos pensamentos, podemos ter uma ideia melhor das histórias subjacentes que desenvolvemos sobre nós mesmos e o mundo à nossa volta (veja a figura a seguir). Nossas crenças e pressupostos subjacentes autolimitantes influenciam as regras que criamos para nós mesmos, as previsões que fazemos e o modo como interpretamos o que acontece. Aprender a identificar nossas crenças subjacentes é um processo.

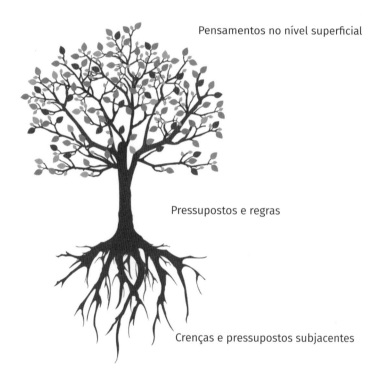

Uma pessoa tem um processo de pensamento constante de que sua família não gosta dela, e isso com frequência lhe causa uma grande tristeza. Quais são os pressupostos subjacentes à interpretação que podem estar motivando essa tristeza? Por exemplo, talvez a partir dessa interpretação a pessoa chegue à conclusão de que ela não é agradável como pessoa ou de que nunca será amada. Essa autonarrativa de não ser gostada pode explicar por que a pessoa atinge um sofrimento tão grande a partir dessa interpretação situacional.

Em outro exemplo, alguém que está considerando abandonar uma relação de codependência talvez tenha pensamentos angustiantes de que a outra pessoa não será capaz de lidar com as situações sem ela. Subjacentes a esse pensamento angustiante podem estar os pressupostos de que a sua função na vida é cuidar da outra pessoa, e de que deixá-la seria egoísta de sua parte.

Quais são os temas comuns dos meus pressupostos?

_____

_____

_____

_____

Que situações tendem a ser difíceis para mim?

_____

_____

_____

_____

Nessas situações, o que normalmente penso, sinto e faço?

_____

_____

_____

_____

Qual é minha interpretação típica dessas situações?

Quais são as possíveis razões para que essas situações provoquem esses pensamentos e emoções em mim?

Que pressupostos podem estar subjacentes a essas situações?

Esses pressupostos se mantêm constantes em todas as situações?

Se você teve dificuldade para articular ou identificar os pressupostos subjacentes, uma estratégia da parteira filosófica é a "técnica da flecha descendente". Essa é uma estratégia de aprofundamento que pergunta: se o pensamento no nível superficial é verdadeiro (hipoteticamente), por que sua interpretação resulta na emoção que você está experimentando? Onde a interpretação e a emoção se sobrepõem estão suas crenças subjacentes.

Por que minha interpretação da situação faz com que eu tenha essa reação emocional específica?

Quais são os pressupostos que poderiam explicar minha reação?

Esses pressupostos parecem ser centrais para meus desafios?

_____

_____

_____

_____

_____

Vale mencionar que esse processo pode levar muito tempo. Não desanime se não conseguir identificar instantaneamente seus pressupostos subjacentes. Isso é algo que, em geral, as pessoas precisam acompanhar ao longo do tempo e meditar a respeito. Enquanto estiver trabalhando para identificar seus pressupostos subjacentes, pode ser bom praticar as habilidades e estratégias estoicas introduzidas nos capítulos anteriores.

Credibilidade do pressuposto

Depois de identificar o pressuposto subjacente ao seu estresse, reserve um momento para se questionar o quanto você acredita nesse pressuposto. Se descobrir que o pressuposto é algo estressante, mas também absurdo (ou seja, você não acredita nele intelectual ou emocionalmente), então a melhor estratégia seria reorientar sua atenção para viver uma vida guiada por seus valores e pelas virtudes estoicas.

Exigências e pressupostos

Uma das primeiras aplicações da filosofia estoica na terapia cognitiva foi feita pelo famoso psicólogo Albert Ellis. Ele focou na irracionalidade subjacente de nossos pressupostos, como exigências ocultas ou intolerância à frustração. Ellis certa vez resumiu algumas de suas observações com a seguinte orientação para avaliarmos nossos pressupostos: "Há três 'deverias' que nos limitam: eu deveria me sair bem; você deveria me tratar bem; e o mundo deveria ser fácil" (Ellis 2005).

Uma boa vida estoica não é aquela que não apresenta desafios ou obstáculos. As pessoas desenvolvem sofrimento desnecessário quando têm exigências rígidas para a vida que não estão de acordo com os princípios da realidade. Se o seu pressuposto é algo que você julga ser um "deveria" ou "deve", é provável que isso lhe cause grande sofrimento. Rigidez é o problema central. Pressupostos referentes à forma como as coisas devem ser feitas ou como as outras pessoas devem se comportar costumam causar infelicidade. Você estará tentando controlar coisas que não é capaz de controlar. Pode ser importante revisar os primeiros capítulos sobre a filosofia estoica para ajudar a aliviar as exigências.

Uma observação comum é que muitas pessoas têm boas razões para essas declarações do tipo "deveria". Por exemplo, em muitos lugares existe uma lei que diz que a pista da esquerda em uma estrada é para ultrapassagem e que, portanto, você deve sair do caminho se alguém quer ultrapassá-lo. Esse é um exemplo de uma situação em que você pode ter uma boa razão para seu pressuposto, mas é provável que apegar-se rigidamente a ele vai aumentar sua insatisfação, porque o mundo não funciona com base na razão. Lutar contra a realidade a partir de um lugar de não aceitação com frequência cria uma resposta desproporcional que torna difícil ser eficiente. A perspectiva estoica é focar naquilo sobre o que você tem controle. Se um pressuposto de que as pessoas devem dirigir com cortesia estiver associado a uma reação emocional intensa (como raiva), você pode avaliar se há mais do que isso no pressuposto, como "As outras pessoas devem dirigir com cortesia e, se não o fizerem, eu as punirei" ou "As outras pessoas devem dirigir com cortesia e, se não o fizerem, não consigo tolerar". Os pressupostos que focam em elementos fora do seu controle podem distraí-lo dos elementos que estão sob seu controle.

Examinando sua definição

Sócrates frequentemente usava seus métodos para avaliar virtudes e ética. Antes disso, ele trabalhava para definir o termo que estava sendo avaliado. Se quisermos avaliar se algo é virtuoso, primeiro precisamos definir virtude. Se quisermos avaliar se algo é ético, precisamos definir ética. Da mesma forma, se formos aplicar a maneira de pensar socrática às nossas crenças e narrativas autolimitantes, precisamos definir o que estamos avaliando.

Por exemplo, considere uma pessoa com uma crença de que é uma mãe ruim. Antes de avaliarmos isso, precisaríamos examinar o seu entendimento do que significa ser uma boa mãe. Nesse caso, há bons dados que indicam que é impossível ser uma mãe perfeita e que um objetivo mais saudável e realista é ser uma mãe "suficientemente boa". Essa mãe que está avaliando as expectativas que coloca em si mesma (e que outros colocaram nela) pode começar uma investigação com a questão: "Qual é o objetivo?". Com frequência, nosso estresse não provém de nossos pressupostos, mas é motivado pelos pressupostos (ou definições) dentro de nossos pressupostos. A pergunta (ou uma variante da pergunta) "Quão bom é suficientemente bom?" em geral é um componente-chave desse processo.

Outro exemplo é se uma pessoa tem uma crença de que é um fracasso ou tem temor de fracassar. Primeiro, seria importante avaliar como ela define fracasso. Se esse indivíduo define fracasso como qualquer exemplo de falha, então será impossível não ser um fracasso, já que é impossível ter apenas sucessos na vida. Em vez disso, muitas pessoas definem a perseverança e a coragem como os principais atributos associados ao sucesso e a não fracassar.

Um terceiro exemplo é se uma pessoa tem uma crença de que não merece ser amada. Há inúmeros pressupostos que precisam ser examinados. Primeiro, é possível que um ser humano não mereça ser amado? Com que idade isso começa? É possível que um bebê que está para nascer não mereça ser amado? O amor que você recebe é uma medida precisa do amor que você merece? Com frequência existe uma falsa equivalência entre o valor que os outros atribuem a você e seu valor intrínseco como ser humano.

Nossas definições tendem a se voltar na direção de nossas emoções. Portanto, é importante estabelecer uma definição universal que se aplique a todos para ajudar a equilibrar a filtragem cognitiva. Reserve um momento para considerar o pressuposto que você está avaliando e considere como está definindo o termo. Pode ser útil consultar um dicionário. Se o termo for absoluto, divida-o em um *continuum* e estabeleça um ponto de corte que seja "suficientemente bom".

O que estou avaliando e como estou definindo isso? Meu medo de ser um fracasso. Se cometo um erro, isso é um fracasso e faz de mim um fracasso.		
Minha definição é realista?	Sim	(Não)
Minha definição é universal (os mesmos padrões para mim e para as outras pessoas)?	Sim	(Não)
Minha definição está me preparando para a decepção?	(Sim)	Não
Existe uma definição alternativa mais equilibrada ou razoável que eu possa considerar?	(Sim)	Não
Definição operacional para a investigação: Fracasso significa desistir porque tenho medo, e não cometer um erro. Não posso ser bem-sucedido se tiver medo de cometer erros.		

O que estou avaliando e como estou definindo isso?		
Minha definição é realista?	Sim	Não
Minha definição é universal (os mesmos padrões para mim e para as outras pessoas)?	Sim	Não
Minha definição está me preparando para a decepção?	Sim	Não
Existe uma definição alternativa mais equilibrada ou razoável que eu possa considerar?	Sim	Não
Definição operacional para a investigação:		

PASSO 2: COMPREENSÃO

O próximo passo em nosso método autossocrático de investigação é compreender como o pressuposto se formou e como é reforçado atualmente em sua vida.

Isto é algo que alguém me disse especificamente no passado? Em caso afirmativo, quem foi?

Isto é algo que eu inferi? Em caso afirmativo, como?

Posso rastrear a origem deste pressuposto?

Experiências

Se esse pressuposto for algo que você tem carregado consigo em sua vida, como se sua mente fosse uma mochila, você consegue lembrar onde o pegou? Você o encontrou por conta própria? Alguém o deu a você? Isso é algo que você adquiriu em uma única experiência ou que se desenvolveu com o tempo? No próximo exercício, anote o que lembrar sobre a origem desse pressuposto. Esse processo pode ser emocionalmente difícil, e talvez você precise ir no seu próprio ritmo. O objetivo não é escrever uma narrativa do trauma, mas falar de modo geral sobre como esse pressuposto pode ter se desenvolvido.

A origem do meu pressuposto:

A primeira lembrança que relacionei com meu medo de fracasso é o crescimento de um sentimento de que nada nunca era suficientemente bom para meu pai. Lembro que eu me esforçava muito na escola e, quando lhe mostrava minhas notas, ele nunca ficava impressionado. Lembro-me também de me esforçar muito nos esportes, e de ele nunca ir me assistir. Eu só sentia que nada do que eu fazia era suficientemente bom.

A origem do meu pressuposto:

_____

_____

_____

_____

_____

_____

_____

Evidências

É importante considerar se há outras evidências que apoiam o pressuposto. Tenha cuidado aqui para não tentar usar um pensamento ou pressuposto como evidência de outro pensamento ou pressuposto. Esse é um lugar para considerar os fatos. Outros pressupostos importantes podem surgir e, se esse for o caso, você pode anotá-los e avaliá-los em seguida. É provável que eles mereçam receber sua própria avaliação.

Há outros fatos ou evidências que apoiam o pressuposto que está sendo avaliado?

A principal evidência que apoia meu medo de ser um fracasso é minha falta de sucesso. Tive alguns reveses na vida: minha evitação e procrastinação já me levaram a ter problemas no trabalho, e fui demitido por isso. Certa vez, eu estava a ponto de ser demitido, mas saí antes que isso acontecesse. Por isso há situações em que sinto que realmente fracassei de tal forma que o fracasso resultou na minha demissão.

Há outros fatos ou evidências que apoiam o pressuposto que está sendo avaliado?

Resuma o caso associado ao pressuposto

Por fim, você deve resumir o caso que embasa o pressuposto que você está avaliando.

Qual é o resumo do caso que embasa o pressuposto que está sendo avaliado?

O pressuposto de que sou um fracasso está baseado nas interações iniciais que tive com meu pai. Nessas interações, sempre tive a impressão de que nada do que eu fazia era suficientemente bom para ele. A evidência atual de que sou um fracasso é minha falta de sucessos ou realizações importantes. Além disso, minha procrastinação e evitação resultaram em perda do emprego e problemas no trabalho anteriormente.

Qual é o resumo do caso que embasa o pressuposto que está sendo avaliado?

PASSO 3: CURIOSIDADE

Depois de desenvolver uma compreensão operacional do pressuposto que está sendo avaliado e do caso que apoia esse pressuposto, é hora de expandir sua consciência com curiosidade. É importante saber o que você está perdendo.

Está faltando contexto?

Com frequência, desenvolvemos interpretações específicas de uma situação que então generalizamos para além dela. É importante identificar o contexto em que essa situação se desenvolveu para que você possa avaliar se há congruência entre o ambiente em que ela se configurou e o ambiente atual. Pare um momento e reflita sobre o contexto dessas situações iniciais. Por exemplo, quando criança, você se sentia parcialmente impotente porque era uma criança pequena? Esse contexto é vital para entender o pressuposto. Alguém importante para você o maltratou de forma significativa? Há fatores acerca dessa pessoa que a tornam diferente do indivíduo médio ou da totalidade das pessoas?

Em que contexto os pressupostos se desenvolveram? E como esse contexto corresponde à situação atual?

Um contexto importante é o fato de que meu pai nunca realmente se impressionou com nada. De fato, ele não é nada emotivo. Não é que ele tivesse orgulho de outra pessoa e não se orgulhasse de mim. Ele é apenas emocionalmente distante.

Em que contexto os pressupostos se desenvolveram? E como esse contexto corresponde à situação atual?

Existe um ciclo vicioso?

Existem ciclos viciosos quando a resposta ao problema o perpetua involuntariamente. Exemplos disso podem incluir uma pessoa que abandona ou evita tarefas difíceis por medo de fracassar. A consequência involuntária desse comportamento é a falta de sucesso. Não é possível ter sucesso se você não estiver disposto a correr riscos. Isso cria um ciclo vicioso em que a pessoa não tem sucessos em que se basear quando questiona suas habilidades e, assim, continua a aderir a essa autonarrativa falaciosa de que é um fracasso. Na verdade, ela está apenas com medo de ser um fracasso. Por isso, a pergunta a ser feita é como você se comporta e reage a situações em que esse pressuposto está ativo. Muitas vezes, as pessoas respondem com uma estratégia de controle ou de evitação para tentar minimizar seu desconforto. Esse caminho de menos resistência e enfrentamento a curto prazo costuma conduzir à infelicidade a longo prazo.

Como eu respondo quando esse pressuposto está ativado? Quais são as consequências a longo prazo desse comportamento?

Quando tenho um sentimento de que não serei suficientemente bom ou um medo de que vou fracassar, sou propenso a pensar excessivamente na situação e então a evito por completo. Isso faz com que eu me sinta exausto, e a consequência a longo prazo é que não tenho muito o que mostrar na minha vida. Sou essencialmente subempregado e com desempenho abaixo do esperado, o que motiva essa autonarrativa de ser um fracasso.

Como eu respondo quando esse pressuposto está ativado? Quais são as consequências a longo prazo desse comportamento?

Existem lacunas no conhecimento e na experiência?

Muitas vezes, as pessoas têm experiências limitadas baseadas em seu uso de estratégias de controle. Essa falta de experiências resulta em uma falta de experiências corretivas. Algumas vezes, por uma perspectiva científica ou filosófica, é necessário experimentação ativa para reunir uma amostra representativa das experiências. Você acabou de examinar o que normalmente faz quando esse pressuposto está ativo. Agora você quer saber em quais experiências e atividades você deve se engajar para reunir novas experiências e novas evidências, mesmo que seja só por um período de tempo. Lembre-se: se fizer algo novo, é muito provável que não seja perfeito na primeira vez. Um dos aspectos desafiadores de ser um humano é que tipicamente precisamos persistir quando não somos bons em alguma coisa antes de chegarmos ao ponto de sermos bons. Você pode revisitar esta seção depois de ter desenvolvido novos padrões de comportamento.

Em que experiências e atividades não me envolvi devido aos meus pressupostos?

Geralmente tento não fazer coisas em que acho que posso falhar. Abandono ou evito essas atividades por medo de fracassar. Consequentemente, não sei quais seriam minhas habilidades se tentasse. Sei que é provável que eu não seria ótimo no início e precisaria persistir em meus esforços para desenvolver a competência que quero ter.

Em que experiências e atividades não me envolvi devido aos meus pressupostos?

Existem explicações alternativas plausíveis?

Esse conceito é explicado com o fato de que *correlação não é causalidade*. Algumas vezes, duas coisas parecem estar relacionadas, mas na verdade não estão. Um exemplo comum disso inclui a correlação entre as vendas de sorvete e as taxas de homicídio. Alguns dados mostram que, à medida que mais sorvetes são vendidos, as taxas de homicídio aumentam. Essa correlação poderia levar alguém a pensar que o sorvete em si é perigoso. No entanto, uma terceira variável explica a correlação: mais sorvete tende a ser vendido no verão, e há vários fatores associados ao verão, como o aumento do calor, que podem explicar melhor os aumentos nas taxas de homicídio. Pare um momento e pondere se existem outras variáveis que poderiam estar em jogo. Algum outro fator (ou fatores) poderia estar influenciando seus resultados? Certos contextos situacionais, comportamentos, ocorrências ou fatores culturais podem desempenhar um papel?

Existem outras variáveis ou fatores que devem ser levados em conta ao considerar meu pressuposto?

Bem, meu pressuposto é em grande parte influenciado por meu pai. É possível que haja fatores sobre ele que tenham mais a ver com ele do que comigo. Por exemplo, pode haver razões para que ele não seja emotivo. Acho que nunca pensei que isso poderia dizer mais respeito a ele do que a mim.

Existem outras variáveis ou fatores que devem ser levados em conta ao considerar meu pressuposto?

Filtrando o que não corresponde aos pressupostos

Com frequência, nossos pressupostos podem ser generalizações excessivas de situações que aconteceram conosco. Para entender melhor as nuances da realidade e nossos pressupostos, é importante observar situações em que seus pressupostos anteriores não eram verdadeiros. Houve exceções à regra? Houve situações em que o que você esperava não aconteceu? É possível que alguma dessas situações tenha ocorrido sem que você tenha notado. Um achado frequente da psicologia social é que as pessoas tendem a ver o que esperam ver, e tendem a se lembrar de terem visto o que esperavam ver.

As implicações são que os indivíduos com frequência precisam rastrear e registrar as experiências discrepantes que não costumam perceber apenas porque a mente as filtra. É importante dedicar algum tempo para rastrear e registrar essas coisas. Por exemplo, uma pessoa que tem crenças sobre ser incompetente provavelmente se fixaria em suas falhas e não consideraria seus sucessos. Esse padrão de pensamento aumenta suas crenças sobre competência. Essas pessoas costumam se beneficiar quando mantêm um registro contínuo de suas realizações para ajudá-las a ter uma lembrança mais equilibrada do que aconteceu.

Pare um momento e considere a quais elementos de uma interação você provavelmente dá mais atenção, considerando seus pressupostos. Por exemplo, é provável que alguém com um pressuposto de que as outras pessoas são rudes e sem consideração ignore exemplos de situações em que as pessoas são educadas ou gentis. Aquelas com pressupostos de incompetência provavelmente deixarão passar ou filtrarão exemplos de competência ou realização. Indivíduos com pressupostos de que serão rejeitados ou negligenciados provavelmente filtrarão casos de neutralidade ou aceitação.

O que é mais provável que eu deixe passar em uma situação?

Geralmente deixo passar ocasiões em que faço um bom trabalho ou mesmo um trabalho razoável. Como fico muito preocupado com a possibilidade de estragar tudo ou de descobrirem que sou um fracassado, não paro para reconhecer minhas realizações.

O que é mais provável que eu deixe passar em uma situação?

_____

_____

_____

_____

Exceções aos pressupostos

Você já teve experiências que são exceções ao seu pressuposto? Pode ser que você precise passar algum tempo rastreando essas exceções para ter uma compreensão mais equilibrada do que aconteceu. Algumas vezes, é necessário um novo padrão comportamental para facilitar as exceções. Por exemplo, alguém que tem medo de fracassar e tende a desistir cedo ao primeiro sinal de fracasso não terá muitos sucessos em que se basear. Por isso, essa pessoa pode precisar desenvolver um novo padrão comportamental para ter novas experiências que sejam contrárias aos seus pressupostos.

Que experiências se destacam para mim que não são compatíveis com meu pressuposto?

Nada de importante se destaca. Tenho tendência a evitar tarefas importantes por medo de fracassar. Houve algumas situações no meu emprego em que me saí bem e meu supervisor me disse que fiz um bom trabalho. Mas tenho tendência a não me deter nisso.

Que experiências se destacam para mim que não são compatíveis com meu pressuposto?

_____

_____

_____

_____

Funcionalidade do pressuposto

Uma abordagem pragmática a ser considerada é a funcionalidade do seu pressuposto. Isso significa focar menos em se o pressuposto é verdade ou não e mais no resultado do pressuposto. Este é um pressuposto útil? Como a crença nele afeta seu comportamento e, em consequência, o que acontece? Há outra maneira de olhar para a situação que motive o tipo de comportamento em que você espera se engajar?

Quais são os efeitos a curto e longo prazo de acreditar em meu pressuposto?

A curto prazo, ao acreditar que sou incompetente, tenho muito estresse. Sou propenso a me engajar em padrões de evitação, o que prejudica meu desenvolvimento e minha progressão a longo prazo. O efeito a longo prazo de acreditar que sou incompetente é que vou realmente parecer incompetente, porque não corri nenhum risco real em minha vida.

Quais são os efeitos a curto e longo prazo de acreditar em meu pressuposto?

Outras evidências ou fatores a considerar

Agora examine se existem outras evidências ou fatores que podem afetar a precisão do seu pressuposto. Pode haver outras razões para não acreditar em seu pressuposto.

Há outros fatos ou evidências que negam meu pressuposto?

Acho que, quando eu estava lendo este manual, me deparei com a ideia da dupla ignorância: não saber o que você está fazendo e não saber que você não sabe o que está fazendo é o tipo de ignorância mais perigoso. Se eu tiver deficiências, mas estiver ciente dessas deficiências, isso já é uma competência em si. Isso não necessariamente faz com que eu me sinta melhor, mas é bom saber que não sou ingênuo em relação às minhas deficiências.

Há outros fatos ou evidências que negam meu pressuposto?

PASSO 4: RESUMO E SÍNTESE

O objetivo deste processo é dar um passo atrás, saindo das profundezas do pressuposto. A partir daí, você é capaz de dar uma boa olhada no que está acontecendo e criar uma perspectiva mais equilibrada e precisa. É um desafio afastar-se mentalmente da sua narrativa e tentar ver as coisas como elas realmente são. Parte desse processo consiste em reconhecer que, como você é um ser humano, existem limites às suas habilidades perceptuais. Saber que pode haver coisas que você não sabe é o primeiro passo para a sabedoria. Neste passo final, você desenvolverá um resumo equilibrado de todo esse diálogo.

Resumo

O primeiro estágio deste processo é resumir o caso que contraria o pressuposto para criar uma visão mais equilibrada. Considere o exemplo a seguir e depois faça o exercício. Não tenha pressa. Sinta-se à vontade para voltar às páginas que você escreveu. Esse processo pode ser emocionalmente trabalhoso, por isso dedique um tempo para consolidar as informações.

Qual é o resumo geral do meu diálogo socrático?

O pressuposto de que sou um fracasso está baseado em interações precoces que tive com meu pai. Nessas interações, sempre tive a impressão de que nada do que eu fizesse era suficientemente bom para ele. A evidência atual de que sou um fracasso é minha falta de sucessos ou realizações importantes. Além disso, minha procrastinação e minha evitação resultaram anteriormente em perda de emprego e problemas no trabalho. Reconheço nesse processo alguns fatores contextuais importantes. Por exemplo, meu pai não parecia ter orgulho de mim, embora talvez ele apenas fosse uma pessoa nada emotiva, e preciso não levar isso para o lado pessoal. Anteriormente, eu não havia considerado que isso poderia ser um problema que tivesse a ver com ele e não necessariamente comigo. Além disso, minha falta de realizações parece ser motivada pelo meu medo de realmente tentar. Tenho mais medo de fracassar do que de desistir, e nunca testei meu verdadeiro potencial. Já tive alguns sucessos no trabalho; embora nenhum deles tenha sido tão importante, ainda assim eles contam. No entanto, tenho o benefício de ter alguma consciência das minhas deficiências para não ser duplamente ignorante.

Qual é o resumo geral do meu diálogo socrático?

Síntese

A primeira parte do método elêntico é definir o construto que posteriormente será comprovado ou refutado por meio de investigação. No início desse processo, você desenvolveu uma definição para que o pressuposto fosse avaliado. Além disso, você desenvolveu essa definição com foco em algo mais equilibrado e universal. Nesta etapa, você vai comparar essa definição universal com sua declaração resumida. Aqui você verá se o pressuposto provou ser verdadeiro ou se precisa ser modificado.

Reafirmo meu pressuposto.

Meu medo é de que eu seja um fracasso. Fracasso significa desistir porque tenho medo de cometer um erro. Não posso ser bem-sucedido se tenho medo de cometer erros.

O resumo geral confirmou meu pressuposto?

Não. Não sou um fracasso porque ainda não desisti, mas estou em risco de fracassar se continuar evitando os desafios. Paradoxalmente, meu medo de fracasso pode fazer com que eu me torne um fracasso se não mudar.

Reafirmo meu pressuposto de um modo mais compatível com as informações aprendidas com o diálogo socrático.

Só serei um fracasso se viver uma vida de medo e evitação. Enfrentar meus medos e desafiar a mim mesmo na verdade me coloca no caminho para o sucesso.

Reafirmo meu pressuposto.

O resumo geral confirmou meu pressuposto?

Reafirmo meu pressuposto de um modo mais compatível com as informações aprendidas com o diálogo socrático.

Esse diálogo é uma conversa de uma vida inteira de desenvolvimento. Quando você identificar os comportamentos que correspondiam aos seus antigos pressupostos, reflita também sobre os comportamentos que contribuirão para o cultivo de seu novo pressuposto. Que comportamentos estão de acordo com seus valores e com as virtudes estoicas? Em suma, *insight* é bom, mas *insight* mais mudança de comportamento é melhor.

Lições do Capítulo 10

- Você pode aprender a pensar como Sócrates para superar suas crenças autolimitantes.

- O primeiro passo é identificar uma crença na qual focar.

- A seguir, construa uma compreensão de como a crença se desenvolveu.

- Então use a curiosidade para ampliar sua perspectiva a fim de ver o que está perdendo.

- Por fim, use estratégias de resumo e síntese para criar uma nova perspectiva equilibrada e um curso de ação.

Referências

Adams-Clark, A. A., X. Yang, M. N. Lind, C. G. Martin, and M. Zalewski. 2022. "I'm Sorry: A New DBT Skill for Effective Apology." *DBT Bulletin* 6(1): 29–30.

Addison, J. 1713. *Cato: A Tragedy. As It Is Acted at the Theatre-Royal in Drury-Lane, by Her Majesty's Servants*. London: Shakespear's Head.

Aurelius, M. 2003. *Meditations: Living, Dying and the Good Life*. Translated by G. Hays. London: Phoenix.

Aurelius, M. 2013. *Meditations, Books 1–6*. Translated by C. Gill. London: Oxford University Press.

Beck, A. T. 1976. *Cognitive Therapy and the Emotional Disorders*. New York: Meridian.

Beck, A. T. 1989. *Love Is Never Enough: How Couples Can Overcome Misunderstandings, Resolve Conflicts, and Solve Relationship Problems through Cognitive Therapy*. New York: Harper & Row.

Beck, A. T., and E. A. P. Haigh. 2014. "Advances in Cognitive Theory and Therapy: The Generic Cognitive Model." *Annual Review of Clinical Psychology* 10: 1–24.

Brach, T. 2004. *Radical Acceptance: Embracing Your Life with the Heart of a Buddha*. New York: Bantam.

Chiaradonna, R., and R. C. G. Galluzzo. 2013. *Universals in Ancient Philosophy*. Pisa: Edizioni Della Normale.

Dillon, J., ed. 2003. *The Greek Sophists*. London: Penguin.

Dodds, E. R. 1990. *Gorgias: A Revised Text, with Introduction and Commentary*. New York: Clarendon Press.

Ellis, A. 1962. *Reason and Emotion in Psychotherapy: A Comprehensive Method of Treating Human Disturbance*. Secaucus, NJ: Citadel.

Ellis, A. 2005. *The Myth of Self-Esteem: How Rational Emotive Behavior Therapy Can Change Your Life Forever*. Buffalo, NY: Prometheus Books.

Epictetus. 1995. *The Discourses: The Handbook, Fragments*. Translated by R. Hard. Edited by C. Gill and R. Stoneman. London: Everyman.

Gilbert, P. 2009. "Introducing Compassion-Focused Therapy." *Advances in Psychiatric Treatment* 15(3): 199–208.

Gilbert, P., and S. Procter. 2006. "Compassionate Mind Training for People with High Shame and Self-Criticism: Overview and Pilot Study of a Group Therapy Approach." *Clinical Psychology & Psychotherapy* 13(6): 353–379.

Gill, C. 2010. *Naturalistic Psychology in Galen and Stoicism*. London: Oxford University Press.

Graver, M. R. 2019. *Stoicism and Emotion*. Chicago: University of Chicago Press.

Greenberg, L. S. 2004. "Emotion-Focused Therapy." *Clinical Psychology & Psychotherapy* 11(1): 3–16.

Grimes, P., and R. L. Uliana. 1998. *Philosophical Midwifery: A New Paradigm for Understanding Human Problems with Its Validation*. Costa Mesa, CA: Hyparxis Press.

Harper, K. 2014. *Cato, Roman Stoicism, and the American "Revolution."* Sydney: University of Sydney.

Hayes, S. C., K. D. Strosahl, and K. G. Wilson. 2016. *Acceptance and Commitment Therapy: The Process and Practice of Mindful Change*. New York: Guilford Press.

Holiday, R. 2014. *The Obstacle Is the Way: Turning Adversity into Advantage*. New York: Portfolio.

Holiday, R. 2016. *Ego Is the Enemy*. New York: Portfolio.

Holiday, R., and S. Hanselman. 2020. *Lives of the Stoics: The Art of Living from Zeno to Marcus Aurelius*. London: Penguin.

King, C. 2011. *Musonius Rufus: Lectures and Sayings*. Seattle: CreateSpace.

LeBon, T. 2022. *365 Ways to Be More Stoic*: *A Day-by-Day Guide to Practical Stoicism*. London: John Murray One.

Linehan, M. M. 2014. *DBT Skills Training Manual*, 2nd ed. New York: Guilford Press.

Maslow, A. H. 1966. *The Psychology of Science*: *A Reconnaissance*. New York: Harper & Row.

Nehamas, A. 1998. *The Art of Living*: *Socratic Reflections from Plato to Foucault*, vol. 61. Berkeley, CA: University of California Press.

Overholser, J. C. 2018. *The Socratic Method of Psychotherapy*. New York: Columbia University Press.

Padesky, C. A. 1993. "Socratic Questioning: Changing Minds or Guiding Discovery." Paper presented at the European Congress of Behavioural and Cognitive Therapies, London. http://padesky.com/newpad/wpcontent/uploads/2012/11/socquest.pdf.

Pangle, T. L. 2018. *The Socratic Way of Life*: *Xenophon's "Memorabilia."* Chicago: University of Chicago Press.

Peterson, C., and M. E. P. Seligman. 2004. *Character Strengths and Virtues*: *A Handbook and Classification*. New York: Oxford University Press.

Pigliucci, M., and G. Lopez. 2019. *A Handbook for New Stoics*: *How to Thrive in a World Out of Your Control—52 Week-by-Week Lessons*. New York: The Experiment.

Plato. 1997. *Complete Works*. Edited by J. M. Cooper and D. S. Hutchinson. Indianapolis, IN: Hackett.

Plutarch. 1914. *Lives*. Translated by B. Perrin. Cambridge, MA: Harvard University Press.

Polat, B. B. 2019. *Tranquility Parenting*: *A Guide to Staying Calm, Mindful, and Engaged*. Lanham, MD: Rowman & Littlefield.

Ramelli, I. 2009. *Hierocles the Stoic*. Cardiff, UK: Sanderson Books.

Robertson, D. 2010. *The Philosophy of Cognitive-Behavioral Therapy*: *Stoicism as Rational and Cognitive Psychotherapy*. London: Karnac.

Robertson, D. 2012. *Build Your Resilience*: *CBT, Mindfulness and Stress Management to Survive and Thrive in Any Situation*. London: Teach Yourself.

Robertson, D. 2013. *Stoicism and the Art of Happiness*. London: Teach Yourself.

Robertson, D. 2019. *How to Think Like a Roman Emperor*: *The Stoic Philosophy of Marcus Aurelius*. New York: St. Martin's Press.

Robb, H. 2022. *Willingly ACT for Spiritual Development: Acknowledge, Choose, & Teach Others*. Long Beach, NY: Valued Living Books.

Sellars, J. 2013. *The Art of Living: The Stoics on the Nature and Function of Philosophy*, 2nd ed. London: Bloomsbury Academic.

Sellars, J. 2020. *The Pocket Stoic*. Chicago: University of Chicago Press.

Seneca. 1917–1925. *Moral Epistles*, vol. 1. Translated by R. M. Gummere. Cambridge, MA: Harvard University Press.

Seneca. 2004. *Letters from a Stoic*. Translated by R. Campbell. Harmondsworth, UK: Penguin.

Stankiewicz, P. 2020. *Manual of Reformed Stoicism*. Wilmington, DE: Vernon Press.

Tee, J., and N. Kazantzis. 2011. "Collaborative Empiricism in Cognitive Therapy: A Definition and Theory for the Relationship Construct." *Clinical Psychology: Science and Practice* 18(1): 47–61.

Tirch, D., L. R. Silberstein-Tirch, R. T. Codd III, M. J. Brock, and M. J. Wright. 2019. *Experiencing ACT from the Inside Out: A Self-Practice/Self-Reflection Workbook for Therapists*. New York: Guilford Press.

Vlastos, G. 1991. *Socrates, Ironist and Moral Philosopher*, vol. 50. Ithaca, NY: Cornell University Press.

Waltman, S. H., R. T. Codd, L. M. McFarr, and B. A. Moore. 2020. *Socratic Questioning for Therapists and Counselors: Learn How to Think and Intervene Like a Cognitive Behavior Therapist*. New York: Routledge.

Waltman, S. H., and A. Palermo. 2019. "Theoretical Overlap and Distinction between Rational Emotive Behavior Therapy's Awfulizing and Cognitive Therapy's Catastrophizing." *Mental Health Review Journal* 24(1): 44–50.

Waltman, S., and L. Sokol. 2017. "The Generic Cognitive Model of Cognitive Behavioral Therapy: A Case Conceptualization-Driven Approach." In *The Science of Cognitive Behavioral Therapy*, edited by S. Hofmann and G. Asmundson. London: Academic Press.

Xenophon. 1970. *Memoirs of Socrates and the Symposium*. Translated by H. Treddenick. Harmondsworth, UK: Penguin.